# ナノフォトニクスへの挑戦

大津元一　監修
村下　達・納谷昌之
高橋淳一・日暮栄治

米田出版

# まえがき

ナノフォトニクスとは、光を使ったナノテクノロジーを意味する純日本産の技術です。また、ナノテクノロジーとは、最近流行の新技術で、ナノメートル寸法（ナノ寸法）の物質を作り使うことです。ここまで説明すると、読者諸兄は「ナノフォトニクスとは、日常生活で使われている光とナノ寸法の物質とを組み合わせて使う技術」と考えるかもしれません。しかしそれは違うのです。物質がナノ寸法になったとしても、光もナノ寸法にしないとナノフォトニクスは実現しません。しかし、それが実現すると将来の高度情報化社会、高度福祉社会を支える光の新技術になるのです。なお、読者諸兄が本書の内容を深く理解してくださることを願って、本文に先立ちここでナノフォトニクスの定義を記しておきましょう。それは「近接場光と呼ばれる光の小さな粒を使い、その特徴を活かしてナノメートル寸法の微小な光デバイス、光加工を実現する技術」です。

ところで、一九九九年に上梓した拙著「ナノ・フォトニクス」（米田出版）では、「ナノ・フォトニクス」と表現しましたが、電子情報通信学会の語法に従い、本書も含め最近では「ナノフォトニクス」と呼んでいます。

ひと昔前には、光をナノ寸法にすることは原理的に不可能と信じられていました。本書では、これを可能にした人たちの挑戦のストーリーを紹介します。信念と勇気をもって独創的なことに挑戦する人と、人まねをする人とでは苦労の度合い、得られる成果と将来展望の大きさはずいぶん違います。脳味噌に汗をかき、あきらめずにやればできるのです。分析的な思考のみを駆使し解説している人、外国の進んだ技術を学びそれに習うことを常としている人には不可能です。本書が伝えたい点はここにあります。

ナノフォトニクスは、光科学技術の広範な分野にわたり革命を及ぼした技術です。まず、日本の大学の研究者がその基礎を作りました。これを産業界に普及させるためには開発予算の獲得、そのために周囲の人たちを説得すること、などの多くの苦労が必要です。本書は、限界を迎えつつある既存の光技術を救うために、そのような苦労にくじけず努力を重ねた気鋭の研究者、技術者のお話を紹介したものです。

著者らは（財）光産業技術振興協会「ナノフォトニクス懇談会」において情報を交換し、励まし合って新技術を開拓してきました。本書の執筆内容の一部もこの懇談会でのアイデアがもとになっています。この場を借りまして、著者を代表し同協会に深く感謝いたします。最後に、本書の出版の機会を頂いた米田出版の米田忠史氏にお礼申し上げます。

平成十五年八月

大津　元一

# 目次

まえがき

**第一章　ナノフォトニクス事始め**……………………（大津元一）……… 1

第一節　ナノフォトニクスとは何か？　2

光の正体は　2／光科学技術にも限界がある　8／二十一世紀の社会からの要求　10

第二節　近接場光を使えばできる　15

近接場光とは何か？　15／近接場光の使い方　19

第三節　そしてしばらくは苦労の連続　27

第四節　なんて変なことをやっているんだ　33

第五節　ナノフォトニクスの幕開け　41

トップダウン型の戦略をとる　41／どのように進展しているか　46

第六節　挑戦は続く　54

参考文献　57

## 第二章　微細計測、分析への挑戦…………（村下　達）……59

第一節　ナノ領域には何がある？　60
電子サイズの不思議な世界　60／ナノ構造とは　63／ナノ構造が光でわかる　66
第二節　ナノ領域を光らせる　70
方法は？　70／トンネル電子で光らせる　73／電子を打ち込み光をとらえる針　77／常識にとらわれるな　79
第三節　針を作る　81
問題山積　81／解決方法　82／やればできる　84
第四節　計測装置を作る　84
装置にも工夫　84／経験は無駄にならない　85／細部が重要　86／本当に見えた！　88
第五節　挑戦する人たちへ　89
未知なるものはたくさんある　89／自分のアイデアが大切　90
参考文献　91

第三章　極限加工への挑戦……………………（納谷昌之）……93
第一節　近接場光リソグラフィへの道のり　94
微細パターニングの技術　94／近接場光リソグラフィへの道のり　98
第二節　近接場光リソグラフィを実用技術に—二層レジスト　101
きっかけ　101／二層レジスト技術の原理　102／いよいよ実験　104
第三節　近接場光リソグラフィの可能性　110
近接場光リソグラフィの課題　110／近接場光リソグラフィの応用用途　112
第四節　未来を目指して　115
参考文献　116
第四章　高密度記録の限界への挑戦……………………（高橋淳一）……117
第一節　高密度記録の必要性　118
高密度記録ってどのくらい？　118／そんなもの、いるの？　119／いるんです—その1　121／いるんです—その2　123／いるんです—その3　126
第二節　では、どうやって高記録密度を実現するか？　127
第三節　近接場光メモリの研究　129
まず記録材料にマークを記録できるかを調べよう　129／スライダ一体型プローブを作

ろう　138
第四節　ＴＢ光メモリ記録媒体の課題　146
第五節　ＴＢ光メモリの候補　149
第六節　最後に　151
参考文献　152

第五章　マイクロマシンの限界への挑戦……………………………（日暮栄治）………155
第一節　マイクロマシンの誕生　156
第二節　光技術とマイクロマシン　159
第三節　実際の光マイクロマシン　160
ディスプレイへの応用　160／光スイッチへの応用　163／センサへの応用　168
第四節　ミクロな世界はどのように違うのか？　172
スケール効果　172／光を力として利用する　174／ブラウン運動　179
第五節　今後の展望と将来の夢　180
参考文献　182

事項索引

# 第一章　ナノフォトニクス事始め

大津元一

# 第一節　ナノフォトニクスとは何か？

## 光の正体は？

光は空間を進む波であることはよく知られていますが、波長とは図1・1(a)のように、その光の波が振動しながら空間を伝わるときの繰り返しの一周期の長さです。光の色を区別するのに波長の値が使われています。たとえば、青、赤の色の波長はおのおの四八〇ナノメートル、六八〇ナノメートル程度です（ナノは一〇億分の一を表します）。そして人間の眼で見える光、つまり可視光の波長は約三九〇〜七六〇ナノメートルです。これより短い波長の色は紫外光、長い波長の色は赤外光と呼ばれています。表1・1に接頭語をまとめておきます。

しかし、正しくは光の色を決めるのは波長ではなく周波数なのです。ここで、周波数とは図1・1(b)のように、光の波が時間とともに振動するときの繰り返しの数です。波は空間を振動しながら伝わるのと同時に時間的にも振動しています。この時間的な繰り返しの長さ$T$（秒）は周期と呼ばれていますが、繰り返しの数とはその逆数$1/T$で、これは周波数$\nu$と呼ばれています。

波長は空間的な繰り返しの周期であり、周波数は時間的な繰り返しの頻度なので、どちらも同じようなものだと思うかも知れません。確かに、周波数$\nu$と波長$\lambda$とは$\nu = c/\lambda$という公式で表され、互いに反比例の関係にあることが知られています。ここで、$c$は光が空間を進む速度です。し

**表 1.1**　SI 単位の接頭語

| 接頭語 | 記号 | 大きさ | 接頭語 | 記号 | 大きさ |
|---|---|---|---|---|---|
| デシ | d | $10^{-1}$ | デカ | da | 10 |
| センチ | c | $10^{-2}$ | ヘクト | h | $10^{2}$ |
| ミリ | m | $10^{-3}$ | キロ | k | $10^{3}$ |
| マイクロ | $\mu$ | $10^{-6}$ | メガ | M | $10^{6}$ |
| ナノ | n | $10^{-9}$ | ギガ | G | $10^{9}$ |
| ピコ | p | $10^{-12}$ | テラ | T | $10^{12}$ |
| フェムト | f | $10^{-15}$ | ペタ | P | $10^{15}$ |
| アト | a | $10^{-18}$ | エクサ | E | $10^{18}$ |

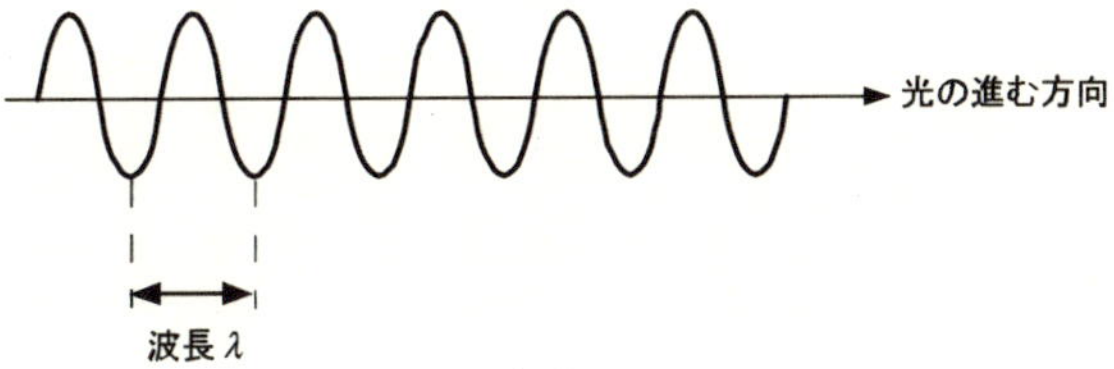


(a)

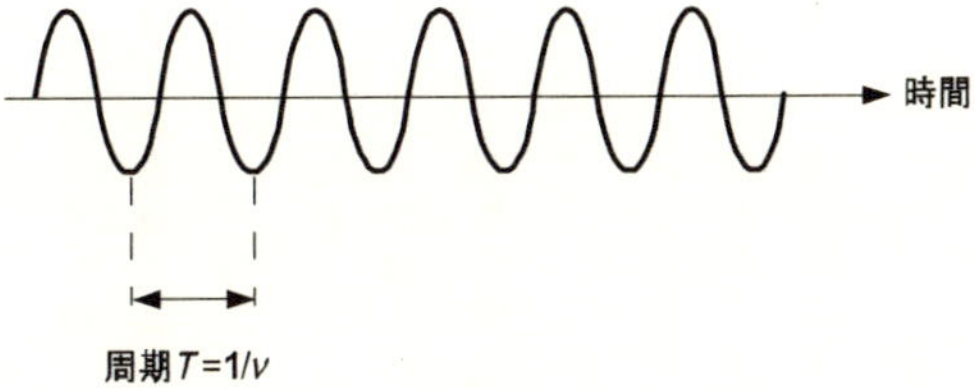


(b)

**図 1.1**　光の波の振動の様子。(a)空間的変化、(b)時間的変化

たがって、光の色を区別するのには波長と周波数のどちらを使っても同じように思えます。なお、$c$の値は空間が真空の場合毎秒三億メートルです。つまり、光は一秒間に地球の赤道の周りを七回り半進みます。したがって、この公式によると青、赤の色の周波数$\nu$はおのおの約七七〇テラヘルツ、四四〇テラヘルツ（テラは一兆を表します。ヘルツは周波数の単位です）という大きな値です。

ところで、原子、電子などの非常に小さい物質の振る舞いを記述する理論である量子論（これは現代物理学の基礎理論です）によると、光のエネルギーの最小単位は$h\nu$であることがわかっています。ここで、$h$はプランクの定数と呼ばれ、$6.63\times10^{-34}$Js（Jはジュール、sは秒です）という小さな値を取ります。$\nu$はもちろん光の周波数です。青い光、赤い光の場合、$h\nu$の値はおのおの約$5.1\times10^{-20}$ジュール、$2.9\times10^{-20}$ジュールという非常に小さな値です。このような最小単位のエネルギーをもつ、いわば光のエネルギーの粒は光子と呼ばれています。英語ではフォトンです。実際の光は図1・2に示すように、この光子の集まりです。つまり、光のエネルギー$W$は$W=nh\nu$です。ここで、$n$は光子の数です。なお、光子はあくまでもエネルギーの最小単位の粒であり、空間的な寸法が小さい粒ではないことに注意してください。光子は光源から発したあとには空間の端から端まで、大げさにいうと宇宙空間全体を満たしているのです。

さて、光の色についてここでいいたいことは、色を見分けるのは人間の眼だということです。つまり、色について考えるとき人間の眼の働きについて考えなければなりません。色というものは光が眼に入り、それによって神経が興奮し、それが大脳に伝えられたときに初めて生じる感覚なので

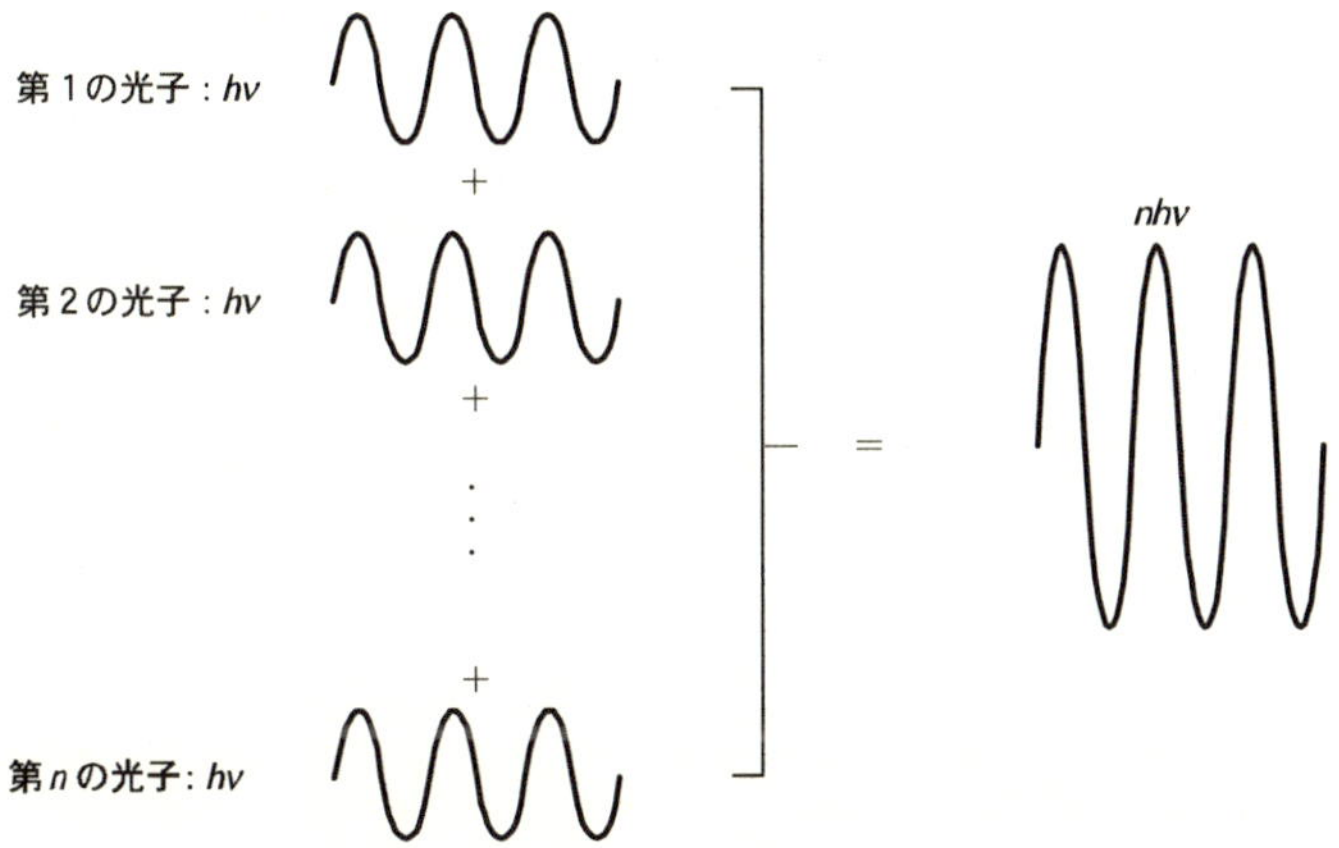


**図1.2**　光のエネルギー $h\nu$ とその総和 $nh\nu$。$n$ は光子の数。

す。そして神経が興奮するというのは眼の中の神経細胞に光があたり、光子のエネルギー（その値は $h\nu$ でした）が神経細胞に吸収され、神経細胞から電気信号が発生することを意味しています。したがって、光の色は周波数 $\nu$ によって区別しなければならないのです。

量子論が出現する二十世紀初頭よりはるか昔、十七世紀にニュートンは光のエネルギーの粒子説を唱えました。この考え方は当時、光を波としてとらえる光の波動説を主張するフックやホイヘンスとの間で論争になりました。これらの論争がもとになり現代の量子論が作られ、光子という概念が生まれたのです。量子論によって光の色は周波数で区別されるということがわかりましたが、日常生活ではそこまで詳しい議論は必要でなかったので、昔から用いられている便法、つまり波長を使って光の色を区別しています。それではなぜ光の色を区別するのに波長が使われてきたのでしょうか？　それは昔から波長を測定するほうが周波数を測定するよりもずっと簡単だったからです。光の周波数は前に述べたように、数百テラヘルツという非常に大きな値なので、それを測定する方法がありませんでした（ただし、一九八〇年代以降はレーザの技術を駆使して測れるようになっています）。一方、光の波長は光の干渉という性質を利用することにより割と簡単に測ることができます。そこで、昔から実際に測定可能な物理量である波長の値を使って光の色を区別してきたのです。光を扱うさまざまな装置でも、色の区別をするのに波長の値の書かれた目盛が便宜的に使われています。

さて、以上で述べた光の色についての性質には注意を払う必要があまりないように感じるかも知れません。しかし、どんな色の光のエネルギーが物質に吸収されたか、物質から出てきたかを議論するには光の周波数を使う必要が生じます。つまり、物質に吸収されるのは特定のエネルギーをもつ光子、発光するのも特定のエネルギーをもつ光子なのです。したがって、以後の議論では、光の色を表すには周波数または光子のエネルギー $h\nu$ を使います。

現代に至るまで、光についての科学と技術が着実に進歩し、一九六〇年には量子論の産物として夢の光源レーザが発明され、電灯などから出てくる光とは異なった性質をもつ人工の光が誕生しました。レーザから出てくる光は真っ直ぐに進み、エネルギーが高く、また単色性に優れているという際だった性質があります。さらに重要なのは、これらの性質を人間が自在に制御できるということです。レーザの光を制御することにより物理、化学をはじめとする広い科学分野が格段に進歩しました。また、光ファイバと組み合わせて光通信に使われたり、音楽や画像を楽しむための光ディスクメモリなどの情報機器にも使われるようになりました。こうしてレーザの光は技術分野にも広く使われ、社会の発展に貢献してきました。この貢献度は今後さらに大きくなると考えられており、二十一世紀は光の時代とも呼ばれるようになってきています。

ところで、私とレーザの光の制御との関わり、さらに巡り巡って本書の主題のナノフォトニクスにたどり着いたきっかけについて説明しましょう。私は高校の頃は数学が得意と思い込んでいたので、大学では数学科に入りたいと考えたこともありました。しかし、大学入試直前に学園紛争激化。運よく東工大に滑り込みましたが入学式、講義などは一切なし。ようやく七月に入って変則的講義開始。正常にもどるのは三年次後期になってから。このような状態で私の進む道は大きく揺れ動き、数学は（才能がないこともわかったので）あきらめ、工業大学なので工学部、特に数学が使える電子工学科を選びました。ただし、工学部の講義にもなじめないままずるずると四年生となり卒業研究が始まりました。何か人とは違うことをやりたいと思い、その当時国立研究所から転入されレーザとその応用の研究を専門としていた田幸敏治教授の研究室に入れていただき、そこでずるずると博士課程までお世話になってしまいました。進路に対する展望もなく呆然としていたところ、卒業間際に田幸先生から助手として残るよう勧められ、さらにずるずると今日の職業に至っています。上記に「ずるずる」が三回も現れたように、まことに主体性のない人生ですね。

さて、一九七〇、一九八〇年代の私の研究は恩師の田幸先生のご指導の下、レーザの光の周波数を自動制御し、きれいな光の波を発生することでした。レーザは光通信などをはじめとし多くの分野に使われるので、その周波数を制御することは応用上重要です。一方、レーザは量子論的効果によって発光する装置なので、その周波数を制御することは光の基礎科学としても重要です。現に一九六〇年のレーザ発明以降、ノーベル物理学賞でレーザに深く関わる受賞が五回あります（一九六四、一九八一、一九八九、一九九七、二〇〇一年）。しかし、レーザの光の周波数を自動制御して安定にすればするほど、その光は古典的な電磁波（たとえばマイクロ波）の特徴に近づき、科学的なおもしろさがなくなってしまうことがわかりました。そこで私は「どうせ光を制御するのならば、何か新しいことはないか」と考えるようになり、ナノフォトニクスを着想しました。すなわち、まえがきでも示したように「近接場光と呼ばれる光の小さな粒を使い、その特徴を活かしてナノメートル寸法の微小な光デバイス、光加工を実現する技術」と定義されるナノフォトニクスの研究を始めました。

## 光科学技術にも限界がある

過去には光は波か、粒子かという論争がありましたが、レーザから出てくる光をいろいろな応用に使うとき、光は波として振る舞います。なぜなら、ほとんどの応用では波としての光の性質を利用するからです。しかも、レーザの光の波は非常に規則正しく振動するきれいな波です。このようなきれいな波であるからこそ幅広い応用に使われたのです。しかし、実は光が波であることが、将来に向けて乗り越えることのできない基本的な限界を与えています。

その限界は光の波が広がろうとする性質に起因します。すなわち、図1・3に示すように、小さな穴のあいた板に光の波があたって穴を通り抜ける場合、通り抜けたあとに広がろうとする性質です。この性質、または広がってしまう現象は回折と呼ばれています。その広がりの具合は穴が小さいほど顕著です。

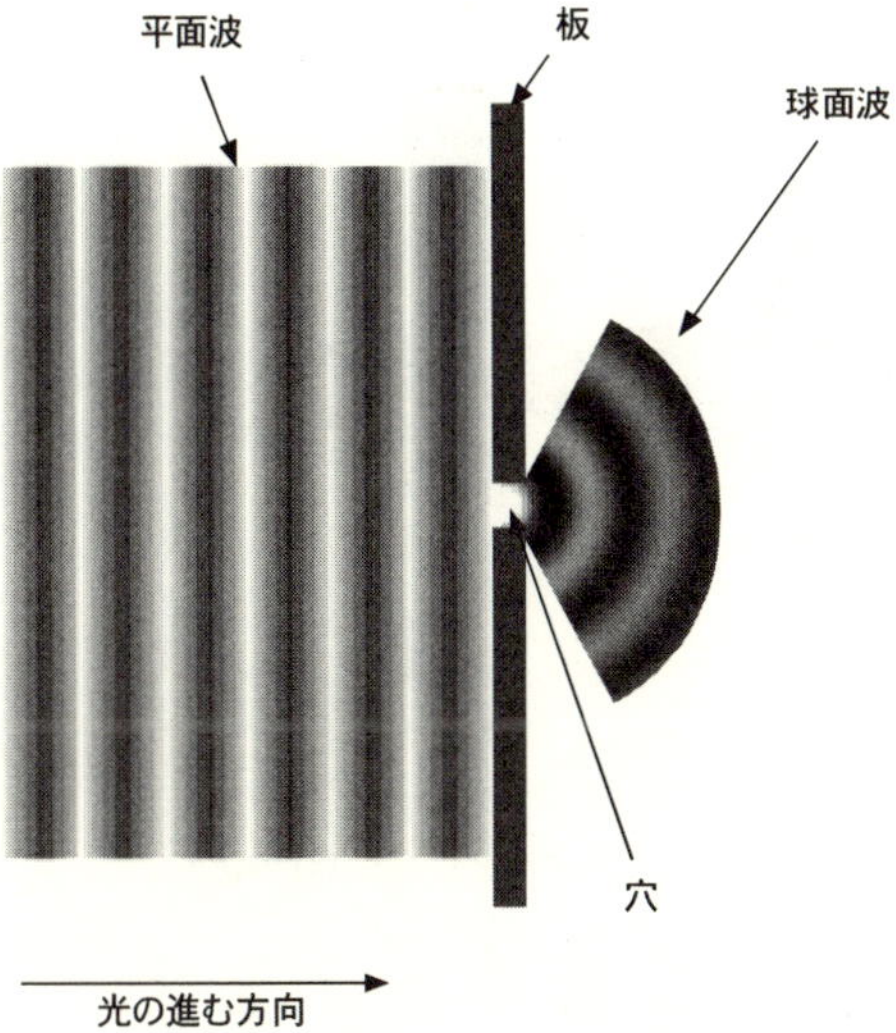


図 1.3　光の波の回折の様子

このような回折の性質があるために、図1・4に示すように、光の波を凸レンズで集めたとしても、凸レンズの焦点のところに置かれた紙の上では光は点にはなりません。すなわち、ピントのぼけが起こります。これは凸レンズが悪いのではなく、光の波の回折に起因しています。すなわち、先に述べたように、光はできるだけ広がろうとしますので、凸レンズで集めても点にはならないということです。それではどのくらいの大きさのぼけになるかというと、その光の波長程度です。したがって、青い光、赤い光のピントのぼけ

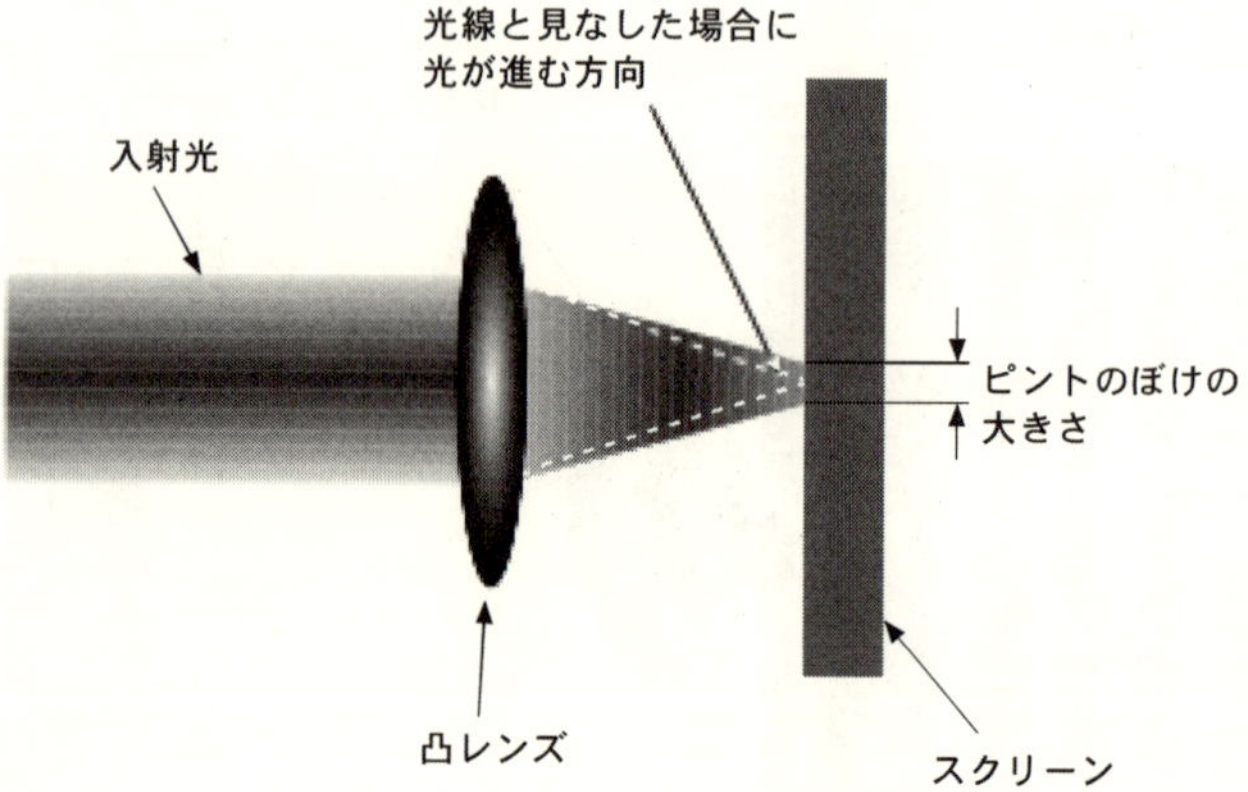


**図 1.4**　光の波の回折による凸レンズのピントのぼけの様子

の寸法はおのおの約四八〇ナノメートル、六八〇ナノメートルということになります。より正確にはこれらの値に凸レンズの性能を表す数値が掛けられますが、この値は一に近いのでここでは無視できます。このように回折に起因するピントのぼけは回折限界と呼ばれています。

この回折限界のために、光科学技術に限界があるのです。たとえば、凸レンズを組み合わせて作られている顕微鏡では光の波長程度の寸法より小さい物体の像はピンぼけとなり、見ることができません。また、光の波を凸レンズで集めた光のエネルギーを利用して物質に穴をあけるような加工でも、光の波長以下の小さな寸法の加工はできないことになります。

## 二十一世紀の社会からの要求

社会の進歩に伴い、光の波長よりずっと小さいものを見たり、加工したりする必要性が叫ばれるようになりました。ごく最近、日本の光関連企業の技術者と光の研究者とが協力し、二〇一〇年の社会が光科学技術に要求する内容を調べましたが(1)、その結果、次の三つの技術についての要求が明らかになりました。

①　二〇一〇年頃にはパソコンを使った通信、テレビゲーム機を使ったホームエンターテインメント、仕事を自分の家に居ながらすること、高齢者に対する福祉、などのために社会が扱う情報が飛躍的に多くなります。これにあわせて光メモリ（コンパクトディスク（CD）、ミニディスク（MD）、DVDなど）の性能を飛躍的に進歩させる必要があり、たとえばその記録密度は現在の一〇〇倍以上の値、つまり円盤の一平方インチあたり一テラビット必要という結論になりました（テラは一兆を表します。ビットはデジタル情報の最小単位を表します）。この記録密度の値は、一平方インチあたりのビット数が一兆個であることを意味します。

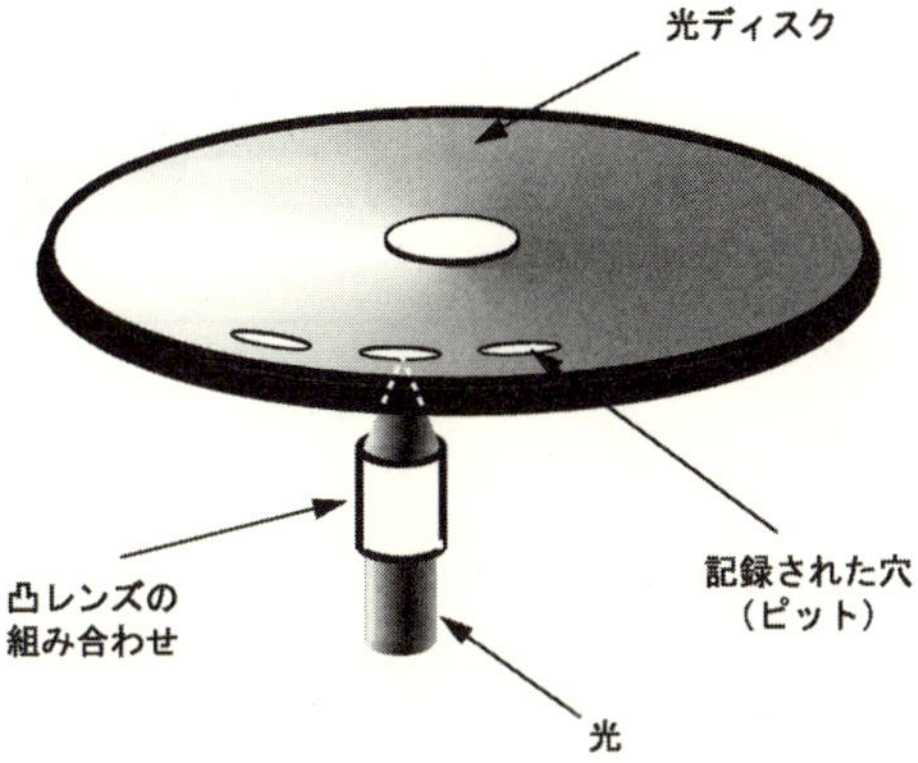

図 1.5　光メモリの記録と再生の方法

一方、いままでの光メモリは図1・5に示すように、レーザ光を凸レンズで集めて、その光のエネルギーを使って円盤に穴をあけて情報を書き込んだり、読み出したりしていました。しかし、これでは回折限界のためにあまり小さな穴をあけられません。この

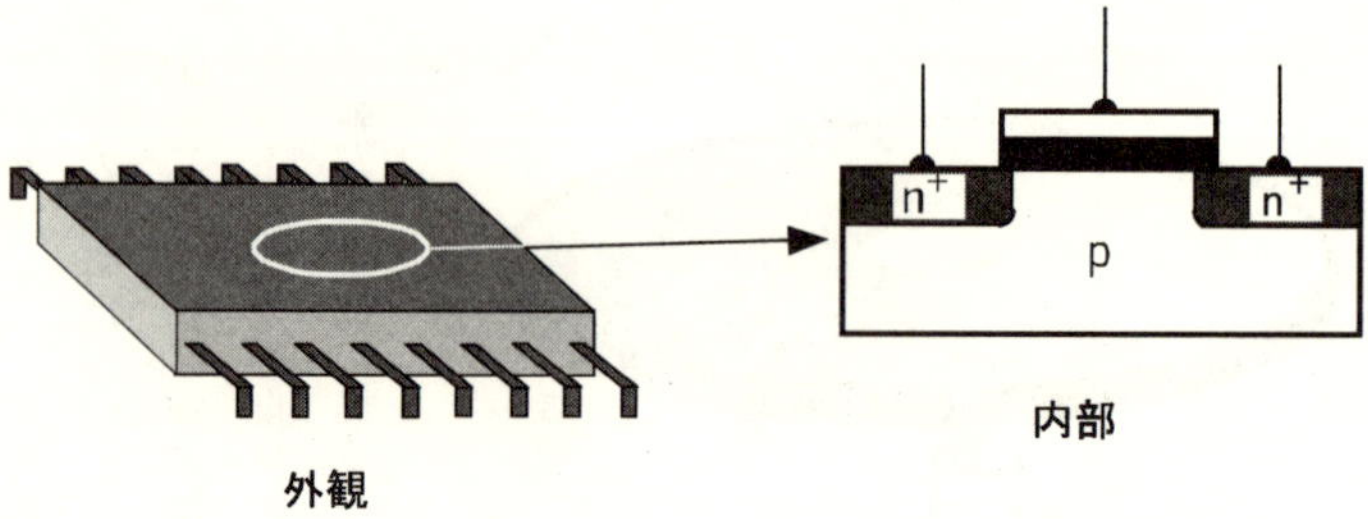


図 1.6　電子部品のひとつである集積回路の概観と内部の構造

限界に対応する記録密度の上限は一平方インチあたり約三〇ギガビット（ギガは一〇億を表します）といわれています。これでは上記の要求には到底応えられません。

② 光メモリと同様に現代の技術を支えるものに、図1・6に示すような、半導体の材料でできた集積回路があります。これはコンピュータをはじめ、家庭用電気製品の最も重要な電子回路部品で、半導体の基板の上にダイオードやトランジスタなど、多くの部品が作りつけられています。今後は電気製品、特にコンピュータの性能を向上させるために同じ面積の半導体基板の上に、一層多くの部品を作りつける必要が増大します。これは各部品の寸法を非常に小さくする必要があるということです。従来これらの部品を作りつけるには光の波を凸レンズで集め、その光エネルギーを利用して半導体材料を加工する方法が採られていました。このとき回折限界によって制限される可能な加工寸法の最小値は約一〇〇ナノメートルです。しかし、社会が要求する寸法はこれよりもずっと小さな値です。

③ 上記②の集積回路とは異なり、図1・7に示すように、一枚

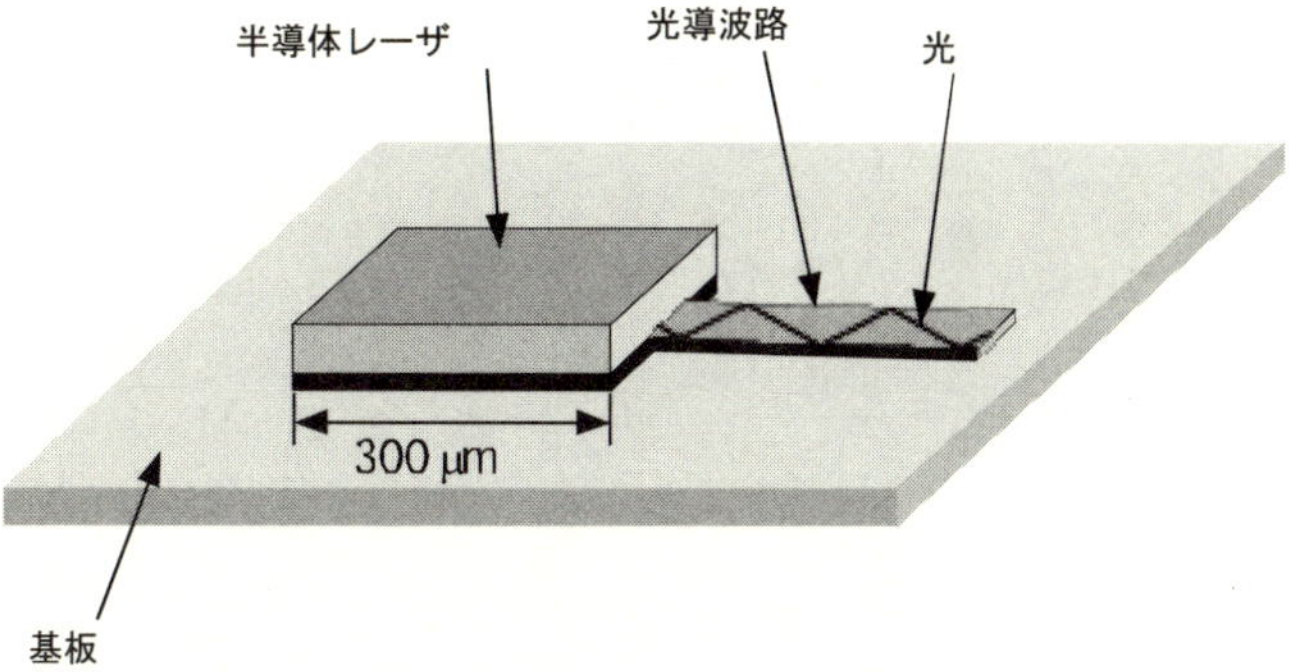


**図 1.7**　光集積回路の構成の例

の結晶基板の上に光源としてのレーザや光を導く部品などを作りつけたものは光集積回路と呼ばれ、すでに光通信などに使われています。しかし、従来の光集積回路では回折限界のために、これらの部品の寸法を光の波長以下に小さくすることはできませんでした。なぜなら、たとえばレーザの寸法を光の波長以下にすると、回折のために光をレーザ装置の中に閉じ込めることができなくなり、レーザとしての働きが失われるからです。したがって、光集積回路の寸法は電子回路部品である集積回路の寸法と比べるととても大きいのです。二十一世紀の社会はこのような光集積回路の寸法を電子回路部品の集積回路なみに小さくすることを要求しています(2)。

以上の三つの例からもわかるように、二十一世紀の社会は現在の光技術では到底実現することのできない無理な要求をつきつけています。これに少しでも応えるための応急措置として、最近では波長の短い光の波を出すレーザ光源、たとえば紫外線を出す半導体レーザなどが開発されています。すなわち、回折限界の寸法は光の波長によって決まるので、回折限界を超えることはできないとしても、波長の短い光を使うほうが小さい寸法を実現できるからです。しかし、いままで使っていた赤い光を紫外光に変えたとしても、その回折限界の寸法はせいぜい数分の一にしかなりません。

それでは二十一世紀の社会がつきつける上記のような要求に応えるためにはどうしたらよいのでしょうか？　回折限界が光の波の示す本質的な制限である以上、基本に立ち返り、光についてよく考えなくてはなりません。五頁にも述べたように、光は波と粒子の両方の性質を示すので、いままでのように光の波を使うのではなく、光の粒子を使えばよいのではないかと考える人もいるかも知れません。しかしこれは適当ではありません。「粒子の性質」とは光が空間中の限られた範囲のみにある小さな粒を意味しているのではありません。光のエネルギーが原子、電子のような本当の粒子のもつエネルギーとよく似ているといっているにすぎません。すなわち、これまでの光はあくまでも広い空間を飛び、空間に満ちています。それは決して原子や電子のように小さな粒ではありません。つまり、空間のある位置をさして、光の粒子がここにある、ということはできません。

そうであるならば、なんとか光の小さな粒を作ることは本当にできないのでしょうか？　六頁に述べたように、レーザは人工の光源なのでその光の周波数、パワー、偏光、パルス幅などを多様に制御できます（ただし、それらの方法の基本的概念は欧米の研究者によるものです）。ところが「光の小さな粒を作ること」（回折限界を打破し光を小さくすること、すなわちそのエネルギーを光波長以下の微小空間に集中させること）は未着手でした。私は一九八〇年代初頭に田幸先生から独立し、研究室をもたせていただいたのでそろそろ独自の研究テーマをもちたいと思い、この問題に挑戦することにしました。それ以降今日に至っていますが、思えば数学が得意と思い込んでいた少年が何を間違ったかこのような分野を始めることになり、これがまったく表に出ない一九八〇年代の苦労を経て現在に至るきっかけです。人生とは何が起こるかわからないものですね。

さて、このようにして私が挑戦し、引き出した答えは「できる」です。つまり、二十一世紀の社会の無理な要求にも応える方法があります。こうして実現した技術を私はナノフォトニクスと命名しました。これはナノメートルとフォトニクス（光加工、光デバイス、光システムを実現するための光工学）の合成語で、それは「近接場光と呼ばれる光の小さな粒を使い、その特徴を活かしてナノメートル寸法の微小な光デバイス、光加工を実現する技術」と定義されています。さて、次節以降にそれを説明しましょう。

なお、ここまでの説明は、大津元一「ナノ・フォトニクス」（米田出版、一九九九）第一章、「光の小さな粒」（裳華房、二〇〇一）第一章、をもとに加筆修正したものです。

## 第二節　近接場光を使えばできる

### 近接場光とは何か？

光の小さな粒は「近接場光」と呼ばれる光を発生させ使うことにより実現します。それは電磁気

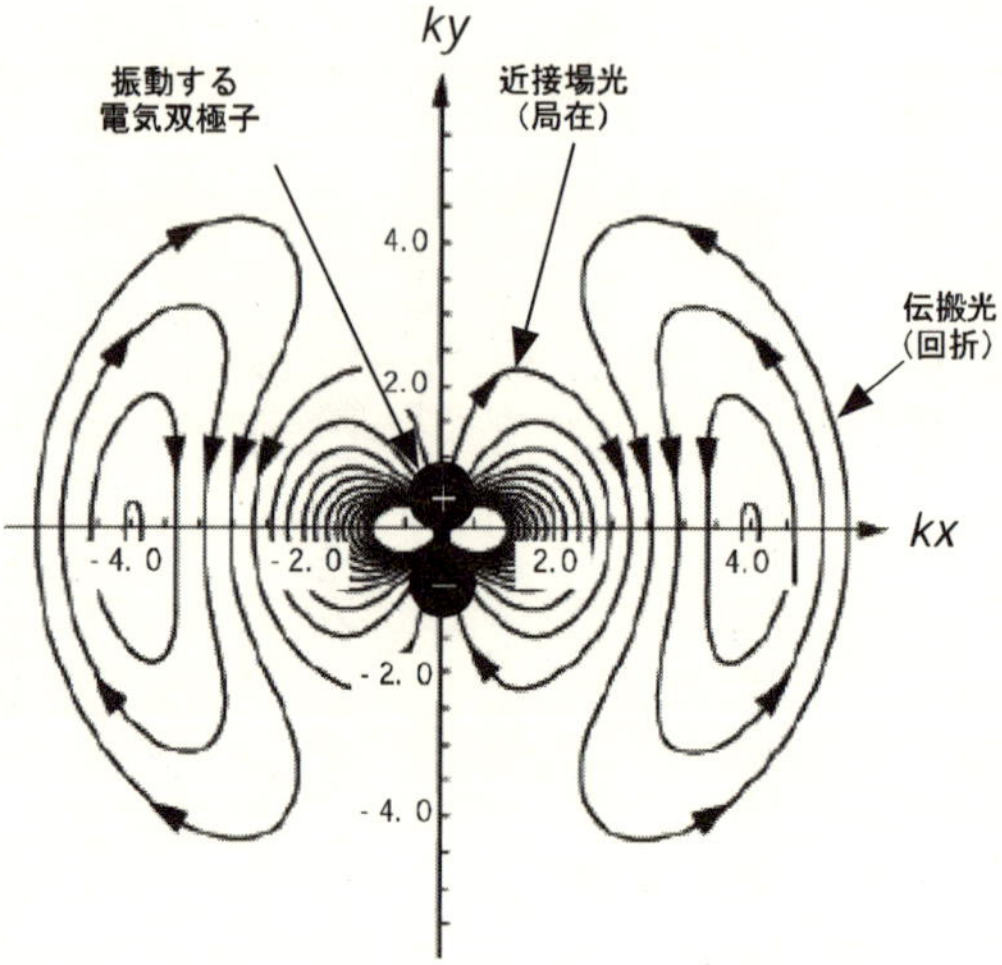


**図 1.8** 振動する電気双極子から発生する電磁場の様子。$k$ は波数と呼ばれる量で、波長 $\lambda$ に反比例し、$2\pi/\lambda$ により与えられる。

学の基本であるマクスウェル方程式の解として存在します（しかし、それはどのような光か、どのように使うかなどについての研究は行われていませんでした）。すなわち、図1・8に示すように、振動する電気双極子から発生する電磁場の二つの成分のうちのひとつです。まずひとつは普通の光で、その電気力線は閉曲線となっています。これは遠くまで伝搬し、回折の性質を示します。他方はその電気力線が電気双極子に局在しており、これが近接場光です。ここで、電気双極子とは、正負の符号をもつ二つの電荷の対です。また、電気力線とは電磁場の電気成分である電場の方向と大きさを表す曲線です。

近接場光の実際の作り方の代表例は図1・9に説明されています。つまり、直径 $a$ の小さな球（これをSと呼びましょう）を用意し、これに光をあてます。この光はレーザなどから出てくるものですが、この直径 $a$ はこの光の波長に比べずっと小さいものとします。球Sに光があたると、その中の多数の原子に振動する電気双極子が発生します。その振動数は入射光の周波数と同じです。これらの電気双極子からは図1・1のように、伝搬光と近接場光とが発生しますが、それらの総和として、球Sの外側には伝搬光と近接場光とが発生します。伝搬光は球Sから四方八方に散って飛んでいきます。これは光の散乱と呼ばれ、よく知られた現象です。ここで、散乱された光を散乱光1と呼びましょう。一方、球Sの表面を注意深く観察すると、実は球Sの表面に薄い膜のようにまつわりついた近接場光が発生しているのです。この近接場光の膜の厚みはほぼ球Sの直径 $a$ と同じです。球Sを卵の黄身にたとえるならば、この近接場光は白身のようなものです。

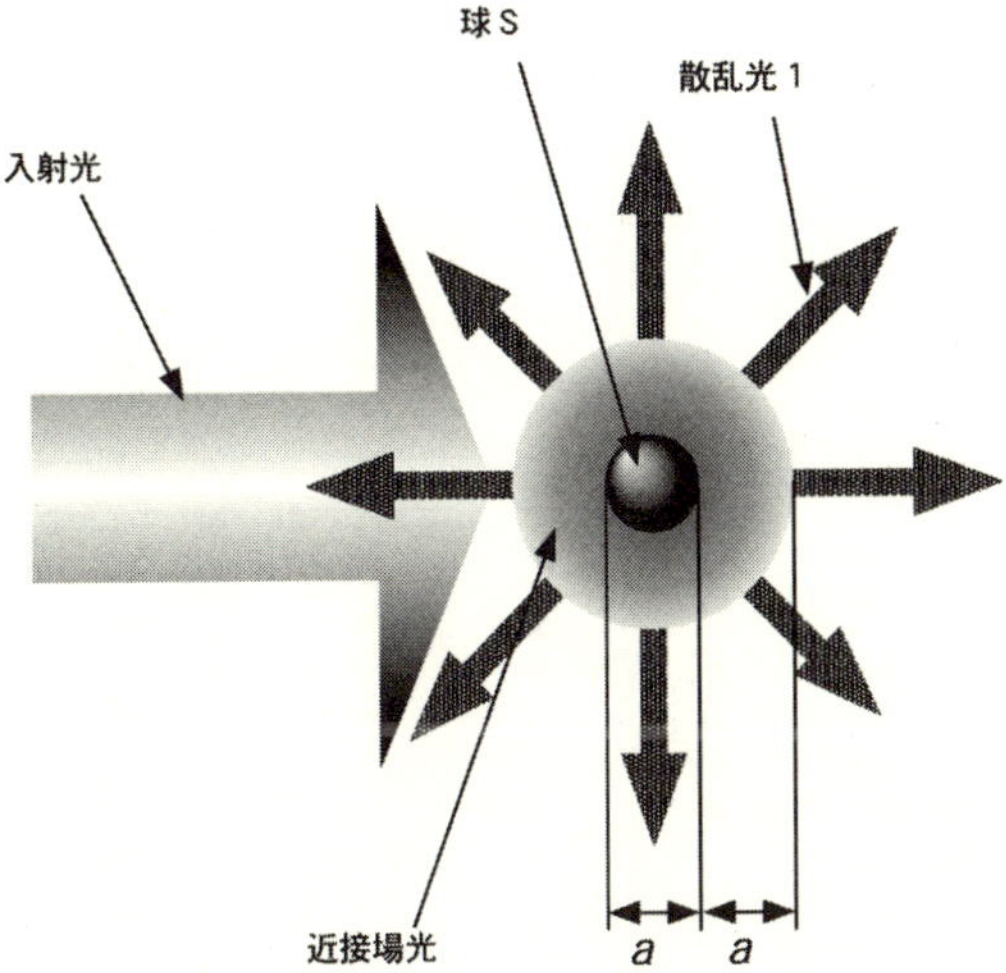


図 1.9　近接場光の作り方の例

　この光の膜のエネルギー（四頁で示した公式 $W=nh\nu$ によると周波数 $\nu$ は球Sにあたる光の周波数と同じで、それはレーザなどの光源の構造によってすでに決められていますから、エネルギーは光子の数 $n$ に比例します）は直径 $a$ が小さくなるほど散乱光のエネルギーに比べ大きくなります。逆に直径 $a$ が光の波長より大きくなると散乱光のエネルギー、つまり散乱光の光子の数のほうがはるかに大きくなります。

球Sの直径 a は光の波長 λ よりずっと小さいのですから、この近接場光は一〇頁で問題となった回折限界の値よりずっと小さく、直径は数ナノメートル～一〇〇ナノメートルです。なお、この光の膜は球Sの周りにあることを忘れないで下さい。つまり、このままでは光の膜を球Sから切り離すことはできません。

さて球Sの代わりに、板にあけた小さな円形の穴（その寸法は光の波長よりずっと小さい。ただし、穴の形は円でなくとも構いません）を使ってもこのような近接場光を作ることができます。つまり、そのような穴の前面に光を照射すると、穴の後ろにはあたかもストローの先に作りかけの半球形のシャボン玉がぶら下がるように、半球形の近接場光が発生します。この半球の直径は穴の直径と同じです。この場合、穴のあいた板が先の例の卵の黄身に相当します。

ストローを吹く人をレーザなどの光源、ストローの中を進む空気を光源から発する光にたとえると、ストローの先の口が板にあけた小さな穴、または図１・９の球です。そのときストローの先の口にできる作りかけのシャボン玉が近接場光ですが、その大きさはストローの直径によって決まります。つまり、細いストローを使うと、その先には小さなシャボン玉がぶらさがるのと同じように、近接場光の膜の直径はそれが発生する球Sや穴の直径に比例します。

ところで、シャボン玉を作るために息を吹き続けると、シャボン玉はストローを離れ、風船のようにふわふわと空に舞い上がっていき、一方ストローの先には次の作りかけのシャボン玉が顔を出します。空に舞い上がるシャボン玉が図1・9の散乱光1に相当します。すなわち、球Sや板にあいた穴により、近接場光と散乱光1の両方が作られることに注意してください。散乱光1は遠くまで飛んでいきますから、波としての光の性質をもっています。私たちはこの光ではなく、近接場光を利用したいのです。

## 近接場光の使い方

近接場光を使うとナノメートル寸法の微小な光デバイス、光加工を実現する技術が開発され、現在の光の限界を超える新しい科学技術、すなわち私が命名したナノフォトニクスが可能になり、一一頁で説明した二十一世紀の社会の要求に応えられるようになります。しかし、そのためにはまずこの近接場光を測定しなくてはなりません。シャボン玉の例を思い出した人は、測定するにはストローから離れてふわふわ飛んでいるシャボン玉を観測すればよいと考えるかも知れません。ところが、私たちが測定したいのはストローの口にある作りかけのシャボン玉のほうなのです。図1・9に描かれている散乱光1は遠くまで飛んでいくので遠くに光検出器を置いてもそこにエネルギーがやってきますから、測定するのは簡単です。しかし、散乱光1は普通の光の波なので、私たちはこれには興味がありません。測定したいのは近接場光なのです。ただし、これは散乱光1とは違い、球表面にまつわりついているので、遠くに光検出器を置いてもこれにはエネルギーが流れ込まず、したがって測定できないことを意味しています。

それではどのように測定したらよいでしょうか？　再びシャボン玉の例にもどって考えましょう。ストローの口にぶら下がっている作りかけのシャボン玉を測定したいのです。人間が測定するにはそれを目で見ればよいのですが、それでは近接場光を測定するたとえ話にはなりません。なぜならば、目に入るのはシャボン玉を形作る石鹸水の一部ではなく、シャボン玉にあたって反射した照明の光のエネルギーだからです。ここでは照明の光のない暗闇で作りかけのシャボン玉を測定することを考えます。ひとつの方法は手に針をもって、それを作りかけのシャボン玉に突き刺し、パチンと割ることです。このとき割れたシャボン玉のシャボン液がわずかに飛び散るでしょう。この飛び散ったシャボン液のしずくは少し遠くに置いた手で受けることができますから、冷たいと感じます。このように感じたことが測定したことになります。つまり、石鹸水が実際に指に触れ、そのエネルギーが指に伝わるのです。

近接場光の場合にも、このような針で膜を割ることにより測定します。その様子を図1・10に示してあります。ここでは、球Sの周りにできた近接場光の中に、針ではなく第二の球（これを球Pと呼ぶことにします）を置くことによって、この膜を壊す様子を示しています。壊された膜の一部は飛び散ったシャボン液と同様の振る舞いをします。つまり、それは散乱光となって遠くに飛んでいきます。これを散乱光2と呼ぶことにしましょう。そこで遠くに光検出器を置けばその散乱光のエネルギーが単位時間あたり流れ込む量（それはパワーと呼ばれています。いい換えると光子の数

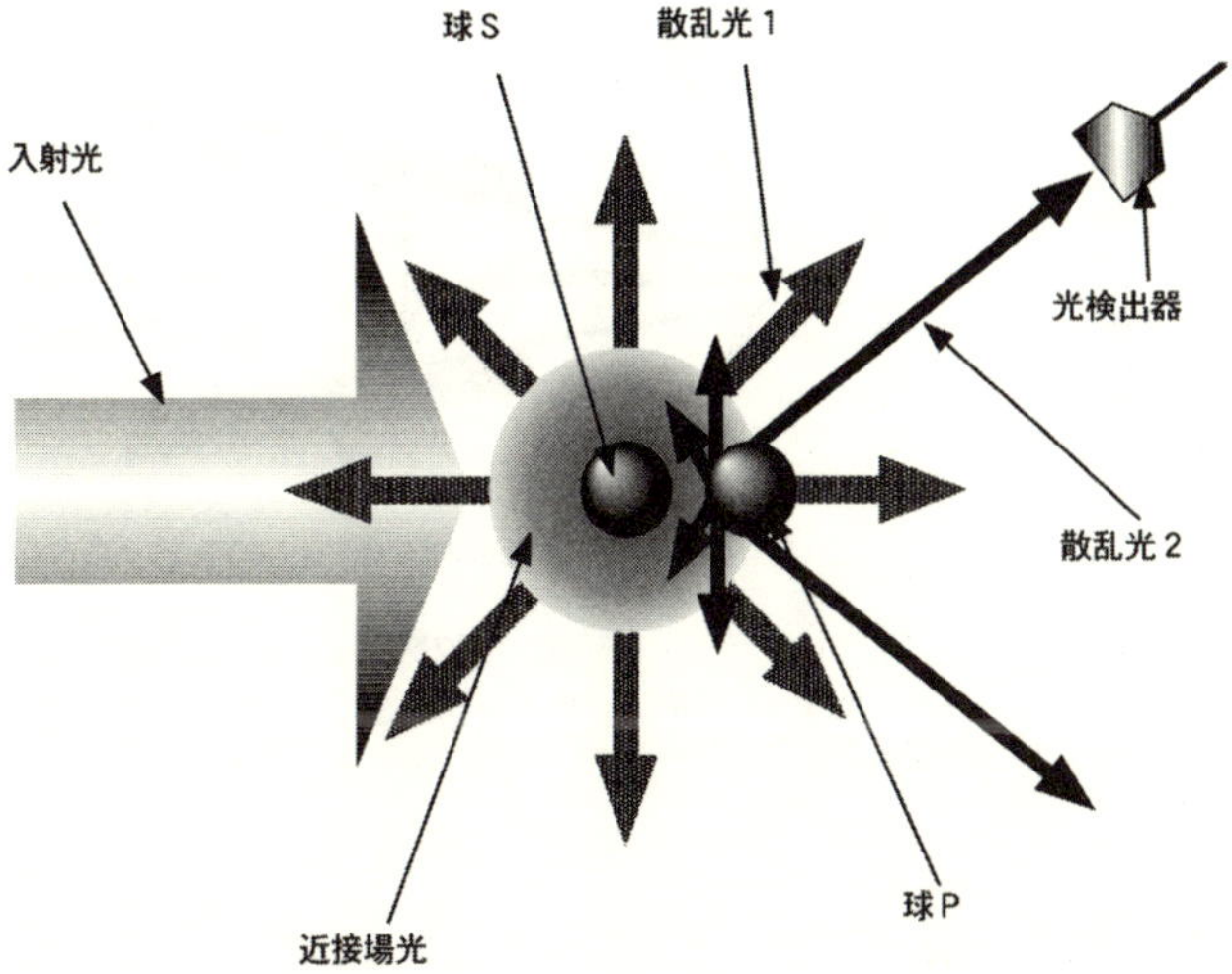


図1.10　近接場光の測定方法の例

$n$の流れの量です）を測定でき、確かに近接場光があることが認識できます。

以上のように、近接場光の測定方法は近接場光を破壊することです。さらに重要なことは球Pを球Sに近づけると、十八頁のように卵の白身の中の黄身はもはやひとつではなく、二つある状態に変わるということです。つまり、白身に守られて二つの黄身がなかよく生きているように、光の膜の中で二つの球が互いに独立でない状態になっているといえます。ただし、この蜜月状態は光源からの光が切れ、光の膜がなくなると終わってしまい、二つの球が互いに近くにあったとしても、それらは無関係になります。このように、近接場光はこれを測定しようとすると、二つの球の間に独特の結合状態を作るという特徴があります。

さて、球Pを近づけると、散乱光2が発生し

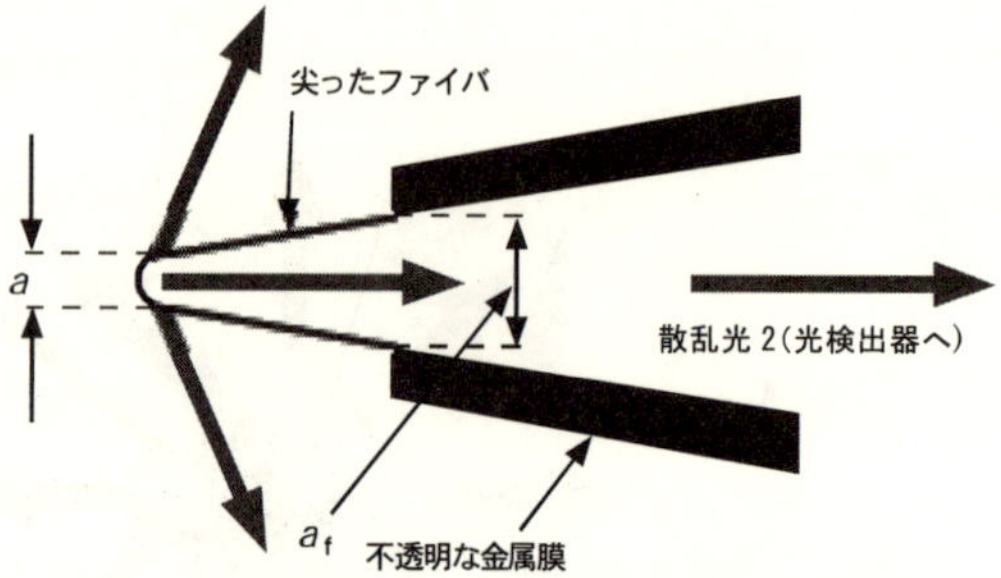


**図 1.11**　ファイバプローブの構造。a はコア先端の曲率を表す直径、$a_f$ は不透明な金属膜が塗られているコアの根本部分の直径。

ますが、図1・9に示したように、球Sからはすでに散乱光1が発生していますから、近接場光を測定する際にこの散乱光1を同時に測定してしまうと不都合です。散乱光2だけを測定したいのです。このことは近接場光を利用するときに重要な要請で、測定により得られる情報は球Sと球Pとの間の相互作用によるものだけでなければならないということを意味しています。この要請を満たすために、実際には球Pとしては単なる球ではなく、私は図1・11に示すように、ガラス製のファイバを尖らせた針を使うのがよいと考えました。これはファイバプローブと呼ばれ、先ほど説明したシャボン玉を割る針と同じような形をしています。近接場光の中にこのファイバプローブを差し込むと、散乱光2が発生しますが、ファイバプローブは透明ですので、散乱光2の一部は先端からファイバプローブの中に入り込み、どんどん進んで出口に達します。そこに光検出器を置けばそのパワーが測定できます。

一方、ファイバプローブの外から散乱光1が入り込むのを防ぐための衝立としては、ファイバプローブの根元や周囲に不透明な膜を塗っておきます。これにはアルミニウムや金などの金属製の膜

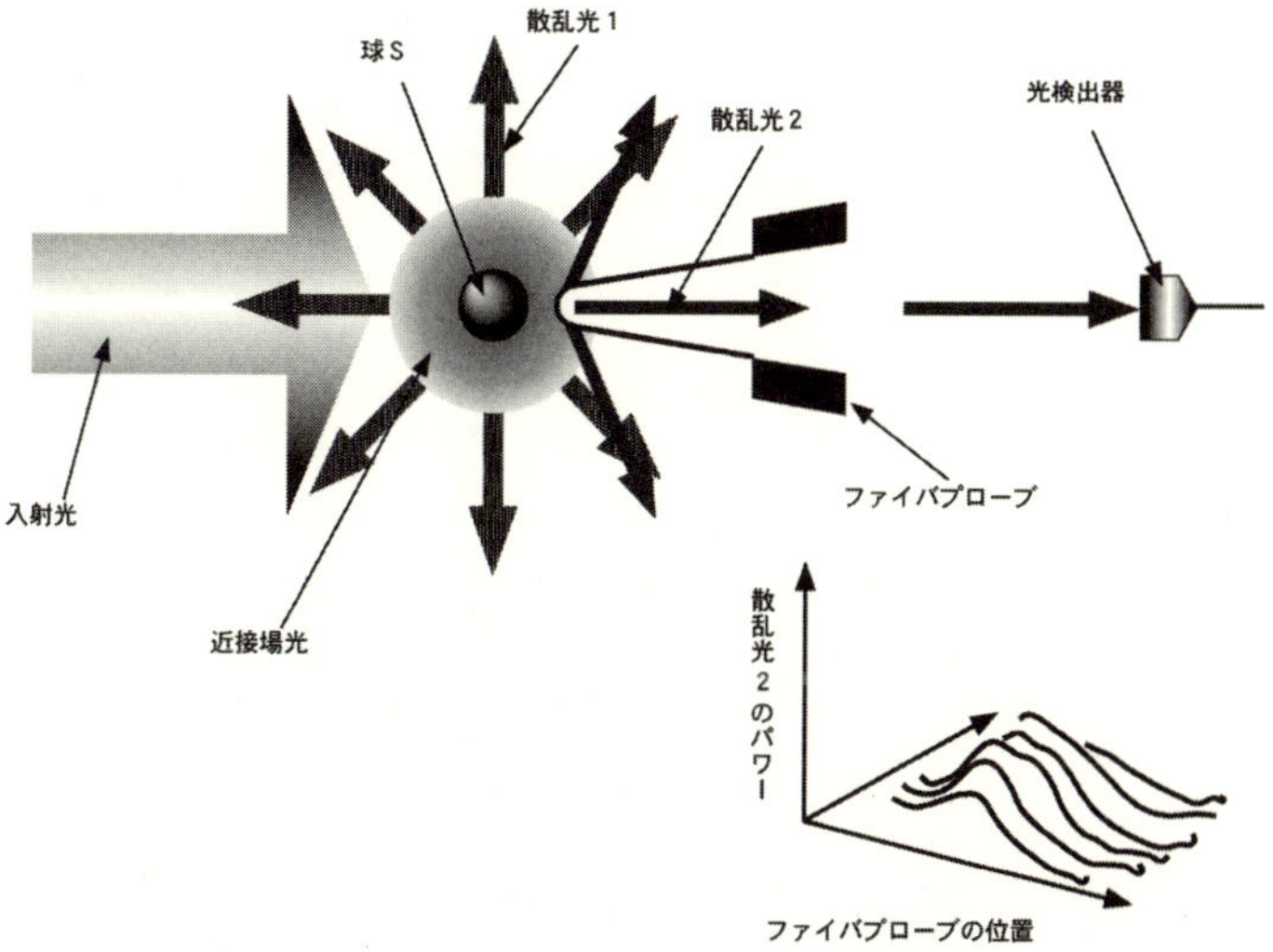


**図 1.12**　近接場光学顕微鏡としての応用の方法

がよく使われています。ここで、不透明膜から飛び出している円錐状の透明な針の根元の直径を光の波長以下にしておくと、飛び出している円錐部分は小さすぎ、散乱光1はファイバプローブの中に入り込めません。こうして散乱光2だけを測定することができます。

さて、このような測定法を応用すると物質の形を観察するための顕微鏡が作れることを説明しましょう。これは近接場光学顕微鏡と呼ばれている装置です。図1・12に示すように、ファイバプローブを近接場光にさし込み、散乱光2のパワーを測定します。次にファイバプローブを近接場光の中で少し移動し、移動後の位置での散乱光2のパワーを再び測定します。これを繰り返して近接場光の中でのファイバプローブの位置に対して、次々に測定した散乱光2のパワーの値をグラフに描くと、これは散乱光2のパワーの分布を表す地図になります。散乱光2は近接場光がもとになって発生したので、この地図は近接場光の形を表しています。さらに近接場光は球Sがもとになって発生したので、この地図は球Sの形を表しています。つまり、この地図は球Sの形の測定結果を表す顕微鏡の像ということができるでしょう。これが顕微鏡としての応用の方法です。球Sは顕微鏡の測定対象の試料（サンプル）ですので、その英語名 **Sample** の頭文字を使って命名しました。一方、球Pにはプローブの英語名 **Probe** の頭文字が使われています。

ところで、この顕微鏡の倍率はどのくらいでしょうか？　これにはファイバプローブの先端の大きさ（または球Pの直径）が影響します。つまり、近接場光のうち、いかに小さな部分からの散乱光2を測定するかによって決まります。したがって、ファイバプローブの先端が小さいほど、顕微鏡としての倍率が高くなるといえます。以上の倍率の議論は、光源から出てきて球Sにあたる光の波長とは無関係ですから、小さなファイバプローブを作ることができれば一〇頁で説明した回折限界よりもずっと高い倍率の顕微鏡ができるということです。なお、倍率という言葉の代わりに、分解能という言葉もよく使われます。これは顕微鏡がどれくらい小さいものの構造を分離分解して見ることができるかという能力を表すものです。

さて今後の説明の都合上、この章の最後に図1・13を掲げましたので、これを見て下さい。まず図(a)を図1・10と比べると、光源と光検出器の位置が逆転していることがわかるでしょう。いやむしろ、球Sと球Pの役割が逆転したというほうが適切です。つまり、光源から出た光を球Pにあて、

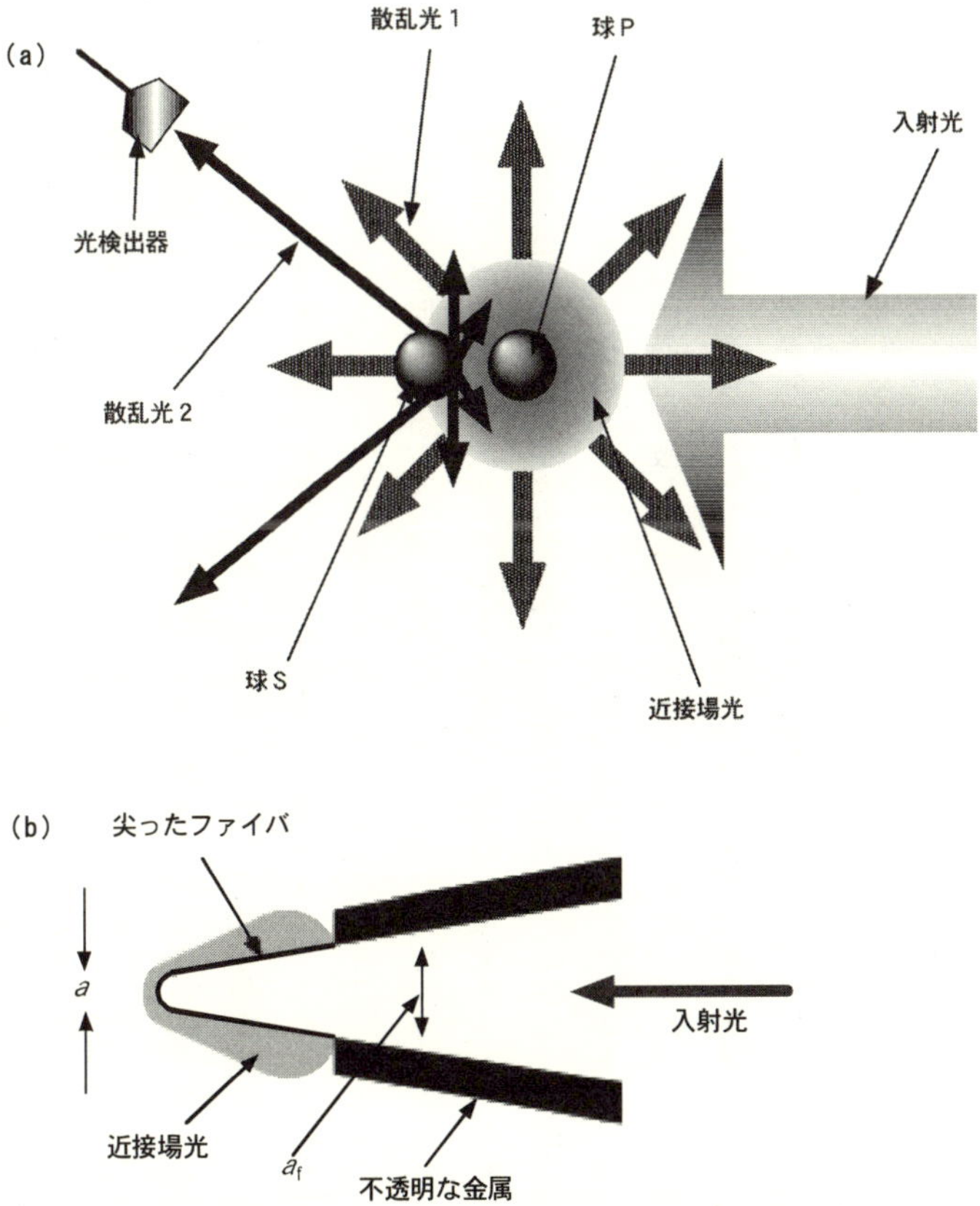


図 1.13　照明モードの方法。(a)測定方法、(b)ファイバプローブの使い方

そこに近接場光を作り、これで測定したい球Sを照明します。すると、球Sにより近接場光が散乱され、その散乱光が光検出器に達します。この図中の球Pをファイバプローブで置き換えたものが図(b)です。つまり、図1・10と同じファイバプローブを用い、光源からの光をファイバの後端から入れて、先端に近接場光を発生させて、これで球Sを照明するのです。そして、ファイバプローブを少しずつ動かしながら、球Sからの散乱光のパワーの測定値を先ほどと同様にグラフに記せば、やはり球Sの形を表す地図が描け、顕微鏡として働きます。このようにして、ファイバプローブを小さな懐中電燈として使うこともできるのです。以上のように、ファイバプローブを懐中電燈のように使い、球Sを照明する方法は「照明モード」と呼ばれており、これに対し図1・11のように、ファイバプローブで光を散乱させ、光を集める方法は「集光モード」と呼ばれています。

なお、私が近接場光を発生させて使おうと考えたのは、近接場光学顕微鏡を作ろうと思ったからではありません。近接場光のもっている特徴を活かしてナノフォトニクス、すなわち一三頁に指摘した光科学技術の限界を打破し、ナノメートル寸法の微小な光デバイス、光加工を実現する技術を開発したかったからです。ただし、前段階として近接場光を発生させてその特徴を調べ、例題演習として近接場光学顕微鏡も作ってみました。次節ではファイバプローブ開発への挑戦の様子をご紹介しましょう。

## 第三節　そしてしばらくは苦労の連続

ファイバプローブを作ったり、使ったりするのには小さい物質をナノメートル寸法精度で加工したり動かす精密技術が必要です。このような技術はナノテクノロジーと呼ばれています。実はこのように高い分解能の顕微鏡ができることは一九二八年に英国のシンゲによって示唆されました。しかし、その当時はナノテクノロジーは夢物語でしたから、シンゲは、「示唆はするが、このような顕微鏡が実現するとは思えない」という意味の非観的な意見も述べています。シンゲが示唆したのはファイバプローブを使う方法ではありませんが、それ以降半世紀以上も進展しませんでした。また、その論理展開は波動光学の枠組みの中にとどまっており、顕微鏡としての計測への応用のみを想定していました。したがって、近接場光の本質的特性について言及するものではなく、さらに分析、加工、操作などへの発展性を示唆するものではありませんでした。私は一九八〇年代初期にファイバプローブを作って使おうと考えました。ただし、「考えるは易く、行うのは難し」を地でいくような苦労が長い間続きました。

「ファイバ先端を小さくすればファイバプローブができるはずだ」と一九八〇年当初に軽率に考えたのが苦労の始まり。その当時私はシンゲが半世紀以上も前に似たようなことを考えていたことは知りませんでした。とにかく、先の鋭い針で光を散乱させれば、小さな物質を加工する機械が作

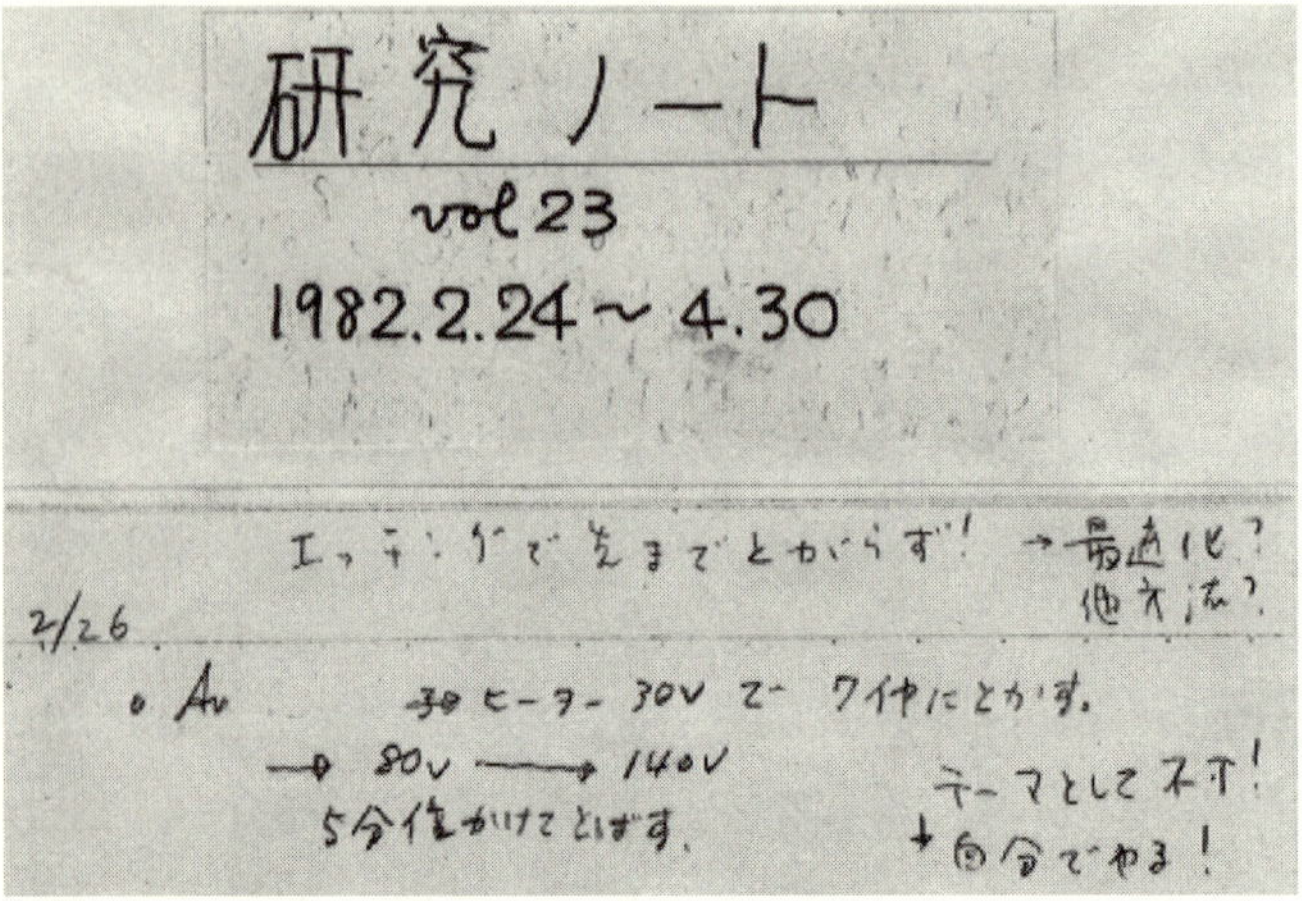


**図 1.14**　私の研究ノートの中の 1982 年 2 月 26 日のページの一部分

れるかも知れないということ（この考え方がナノフォトニクスにつながります）、そして針としてはガラス製のファイバで作ることがよいだろうということを考えておりました。一方、顕微鏡への応用は研究の副産物とみなしていました。

加工機や顕微鏡などは多くの人が簡単に使えないと意味がありませんから、ファイバプローブを作る方法としては、同じものが繰り返し何本も、かつ短時間にできあがる能率のよいものでなくてはなりません。そのためには、ファイバを酸性の溶液（フッ酸、フッ化アンモニウム、水の混合液です）に浸して溶かし、針のような形にするのがよさそうだということがわかってきました。その後すぐに作るための実験を始めました。初期のころの試行錯誤の様子が図１・14に示す私の研究ノートの走り書きに見られます。日付けは一九八二年二月二十六日です。走り書きの中に、「なかなか思うように尖らない」とあります。その理由としてファイバの性能があまりよくなかったこと、また、尖ったことを確認するための電子顕微鏡の倍率が低かったこと、などが考えられますが、いずれにせよその当時は満足できなかったことは確かです。それでこのノートにはさらに、「ファイバプローブを作るのは難しいので、学生に与える研究テーマとしては不適当。自分一人でしばらくはやっていこう」という意味のことも書いてあります。そのとおり、その後は私一人でファイバプローブの作り方を引き続き試みていくことにしました。

一方、一九八三〜四年頃になると、欧州や米国でも板に小さな穴をあけたものやファイバプローブを作り、それを使って顕微鏡を作る研究が始まりました。その研究の論文を読んでみますと、ファイバプローブを作る方法として、ファイバの一部を熱して柔らかくし、引きちぎるという乱暴な方法がとられていました。あたかも七五三のときに子供達がもらう千歳飴をあたためて引きちぎるようなものです。この方法は簡単ですが、引きちぎった先がきれいに尖るとはかぎりません。また、それが毎回同じような形にはなりません。私はこれを読んだとき、これでは多くの人が使えるファイバプローブは作れないと実感し、酸性の溶液で溶かす方法の優位性を確信しました。

その後、私は一九八六〜七年、米国のＡＴ＆Ｔベル研究所で研究員として研究する機会を得ました。ベル研究所はファイバを用いた光通信に関して世界の中心的存在でしたので、ファイバの専門家が非常に多数いました。そこで私は彼らに私の方法でファイバプローブを作ることを提案し、協力を求めてみましたところ、答えはノーでした。なぜかというと、彼らは酸性の溶液で溶かしても鋭く尖らないだろうと考えていたからです。実際私が試みても確かに尖らず、かえって窪んでしまうようなことが起こりました。しかし、帰国後さらに実験すると、日本製のファイバを使うと尖りそうな結果が得られ始めました。米国製では不可能なのになぜ日本製では尖るのだろうと思って調べてみると、ファイバの作り方の差によることがわかりました。特に日本ではその当時、性能の極めて高いファイバを製造するＶＡＤ（Vapor phase Axial Deposition）法と呼ばれる方法が完成し、それによって作られたファイバを私たちも使うことができるようになってきたからです。

ふつうのファイバは図１・15(a)に示すように、二重構造をしています。その中心部はコア（直径は数マイクロメートル）と呼ばれ、光をとおす部分です。外周部はクラッド（直径は約一〇〇マイクロメートルで、毛髪と同じ程度の太さ）と呼ばれ、刀のさやのようなものです。コアに光をとおすためにその屈折率をクラッドに比べ高くする必要があります。そのために、コアにはゲルマニウムの酸化物 $GeO_2$ を混入させるのですが、ＶＡＤ法ではこれをコアの中心から外に向かって非常に均一に混入させることができます。このようにしてできたファイバを酸性の溶液につけると、図１・15(b)のようにコアの先端が尖るのです。あとになってわかったのですが、米国製のものは $GeO_2$ の混入の均一性に欠けていたので尖らなかったのです。このように考えると、私の方法がうまくいったのはその当時開発されたファイバ製造法が優秀であったためということになります。本当に日本のファイバ製造技術は優れており、現在の世界中の光通信用のファイバのほとんどは日本製です。私は日本のファイバは現代技術が実現した宝石だと思っています。

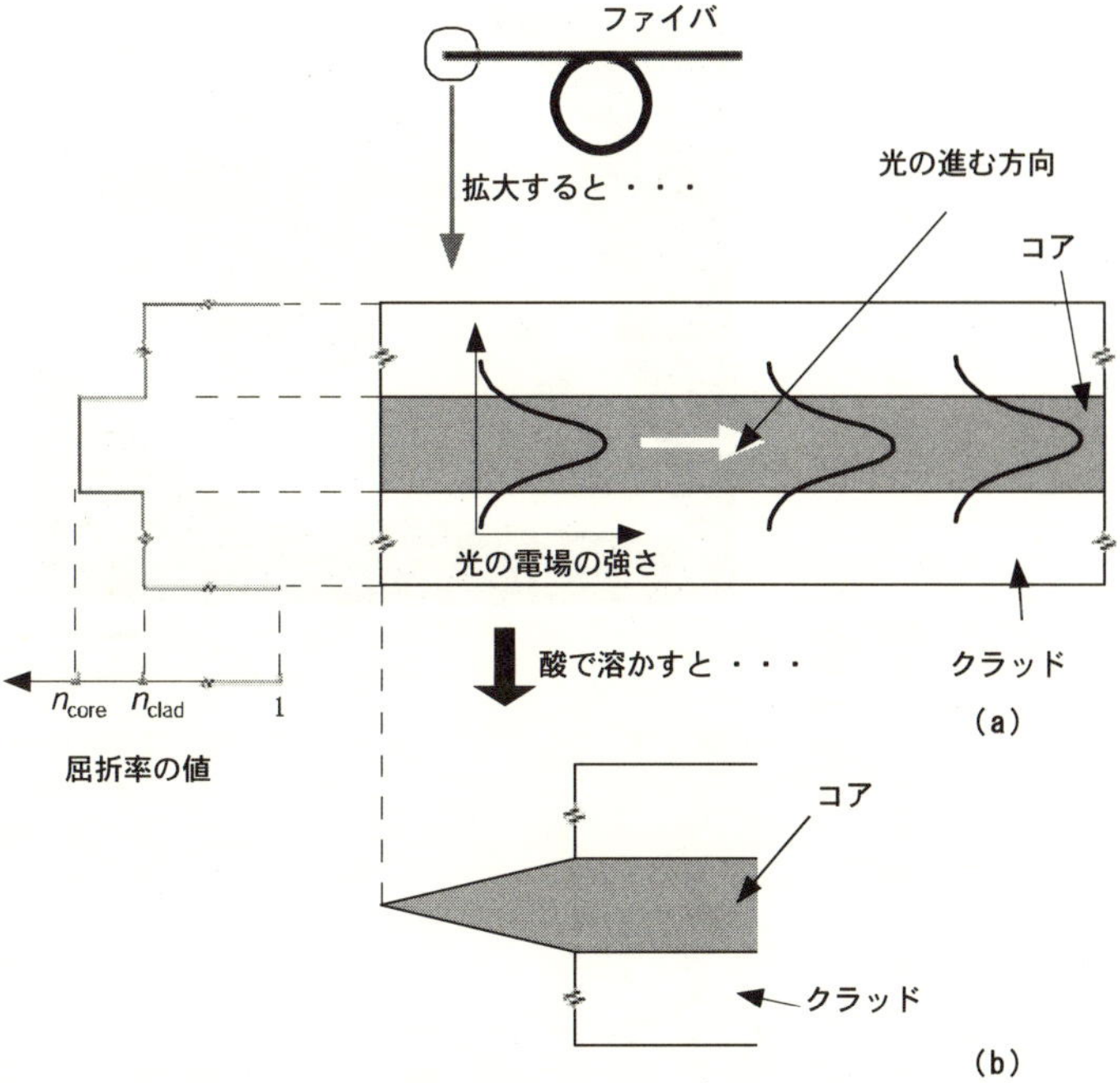


**図 1. 15**　ガラス製のファイバの構造と、そのコアの先端を尖らした様子。$n_{core}$、$n_{clad}$ はおのおのコア、クラッドの屈折率。

以上のように、ファイバプローブができそうな段階に達したので、一九九〇年頃にはいよいよ学生に研究テーマとして与えることを決意しました。学生諸君は若く、すなおで意欲的ですから、私が一人でのろのろと実験するよりも要領よく結果を出す場合があります。ファイバプローブ作成についてはまさにそのとおりで、しばらくすると図1・16に示すような、非常に鋭く尖ったファイバプローブができあがりました。また、先端の曲率半径は一ナノメートル程度ですが、電子顕微鏡の分

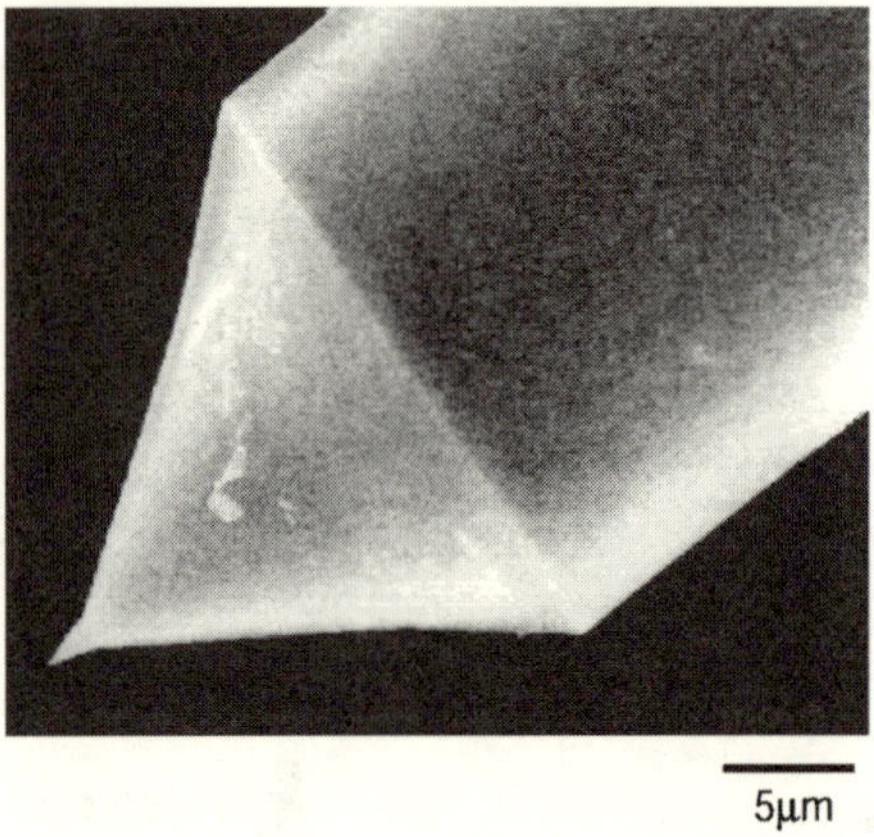


図 1. 16　よく尖ったファイバの例（電子顕微鏡写真）

解能の限界ギリギリのところで測っていますので本当の値はもっと小さいかもしれません。一方、この時期になっても（また今日に至るまで）欧米では飴細工方式で作っていましたので、先端の曲率半径は非常に大きく、したがって図１・16のように、尖ったファイバを使ったファイバプローブの性能は天下一品でした。

　なお、なぜ酸性の溶液に浸けるだけでこのように尖るのか、また繰り返し行ってもなぜ毎回同じように尖るのかは未だに完全にはわかっておりません。ファイバプローブ先端のような小さな物質については、その性質を説明する理論がまだできていません。今後はこのようなナノ寸法物質の性質を説明する理論の構築が望まれます。しかし、理論ができるまで待っているわけにもいきません。とにかく優れたファイバプローブを作る必要があります。納得できる理論は後年、頭のよい人が作ってくれるでしょう。それよりも先に実験をしましょう。ということでさらに試みると、いろいろなファイバプローブが作れるようになりました。たとえば、ファイバプローブの後端から入れた光のエネルギーのうち、一〇パーセントが近接場光として発生するような高効率型のものもできます。これはほかのファイバプローブより一〇〇〇倍程度大きな値です。この結果「ファイバプローブの効率が低い」という通説は遠い昔話となりました。このほかにも、先端に色素の分子がついたファイバプローブ、金属や半導体の小さな粒子がついたファイバプローブなど、いろいろな変わり種が高い精度でできるようになり、これらをうまく使い分けることによって、いろいろな応用が実現するようになりました。

## 第四節　なんて変なことをやっているんだ

ファイバプローブを使って近接場光学顕微鏡を組み立てると、いろいろな試料を観測できるようになりました。たとえば、生物試料のひとつであるＤＮＡの紐状の分子一本を照明モードを使って観測した結果を図１・17に示します。ＤＮＡは二重らせん構造をしており、それを電子顕微鏡で観測すると直径が二ナノメートル程度であることがわかっていますが、この図では四ナノメートルになっています。この値は電子顕微鏡像の二倍程度大きな値なので、少しピントがぼけていることを意味していますが、いままでは光学顕微鏡では決して観測されなかった小さな像なので、これは多くの人が感銘を受けた図です。なぜならば、いままでの光学顕微鏡では回折のために光の波長以下の寸法のものが見えなかったからです。ちなみに、この図全体の縦横の寸法は近接場光を発生させるのに使った光源からの光の波長以下ですので、普通の光学顕微鏡を使ったのでは回折のためにこの図全体がぼやけてしまい、この図の中にあるような模様は決して現われません。

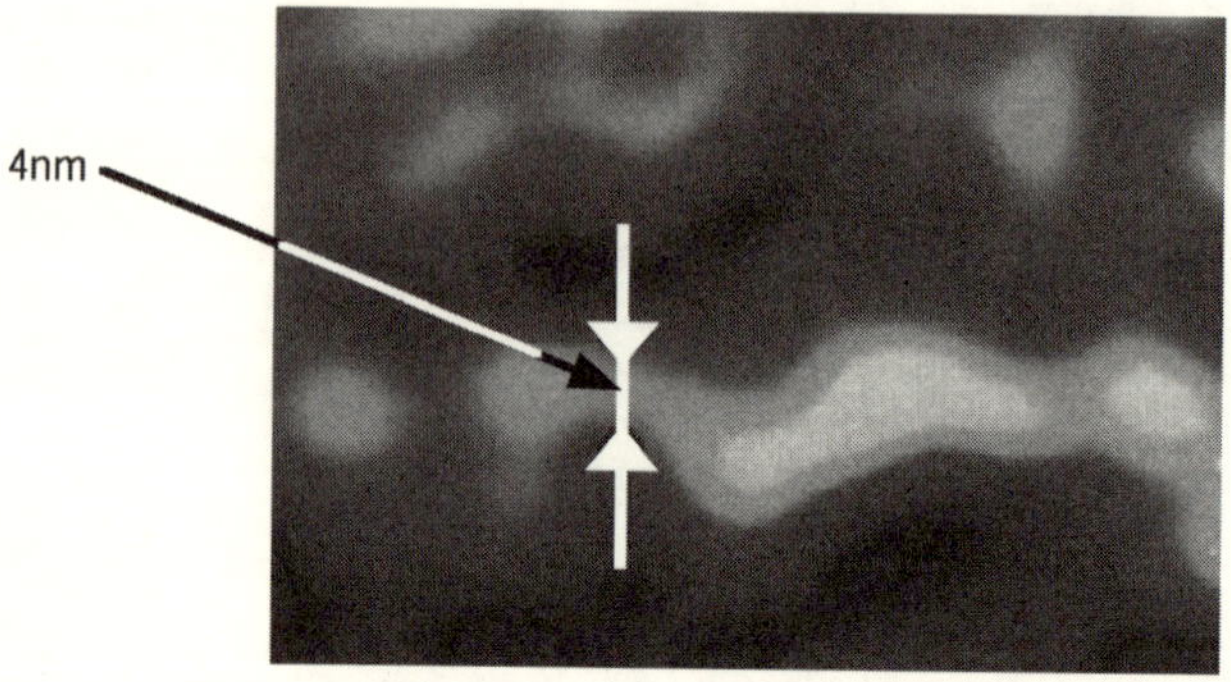

図 1.17　近接場光学顕微鏡で観察した DNA の像

ところで、なぜ電子顕微鏡の像よりまだ二倍程度大きいのでしょうか。その原因はファイバプローブにあるのではないことがわかっています。なぜなら、ファイバプローブの先端の曲率半径は四ナノメートルよりもずっと小さいからです。ファイバプローブの性能そのものではなくて、使用するときのファイバプローブの揺れ、測定中の試料台の振動、試料台の熱膨張などが原因です。たとえば、普通の実験台の周りを人が歩き回ると台の面は左右上下に一マイクロメートル程度振動してしまいます。熱膨張とは周りの温度が変わると試料台が伸び縮みすることですが、たとえば長さ一センチメートルのアルミニウムの板は温度が一度変化すると二〇〇ナノメートルも伸び縮みするのです。このように考えると、近接場光学顕微鏡を静かで安定な環境の中で使うことが重要だということがわかるでしょう。実際にこの観測実験はお正月の夜、つまり他の人たちが自宅でお正月を祝っており、実験室が一年中で一番静かなときに行われました。確かにこのような像はファイバプローブを試料表面の一～二ナノメートルまで近づけて注意深く安定に動かさないと見えません。なぜならば、このように小さい寸法のＤＮＡ表面の発生した近接場光の光の膜の厚みがその程度だからです。ファイバプローブが五ナノメートル程度離れてしまうと、もはや像は得られません。

なお、このような小さい像を得るためには試料としてのＤＮＡを試料台にまばらに置く必要があります。もし多数のＤＮＡをまとめて置いてしまうと互いに重なりあってしまい一本ずつが分かれて見えないからです。そこで、この顕微鏡観察の実験に必要な時間のうちの九割以上は試料台にＤＮＡをうまくのせることに使われました。実際には、ＤＮＡをゴミの含まれないきれいな溶液に入れておき、この溶液の一滴を特別に表面処理した非常に平らなサファイア結晶板にそっとたらします。これは熟練を要する作業です。つまり、ファイバプローブを作るだけでなく、これを使う静かな環境を用意すること、よい試料を用意することなどがすべてうまくいったとき、このような小さな像が見えるのです。将来はこのようなわずらわしい前作業は自動化されるようになるでしょう。

近接場光を扱う研究分野は近接場光学と呼ばれています。英語では near field optics です。なお、一九九二年にフランスのブザンソン市でこの分野の第一回目の国際会議が開催されました。参加者はわずか四〇名、そのすべてが主催団体からの招待者でした。日本からは私と共同研究者の堀裕和博士（山梨大学助教授（当時））の二人だけが招待されました。帰国後、出席報告記事を応用物理学会誌（一九九三年三月号）に寄稿しましたが、そのときは会議名を「近視野光学」と書きました。第二回目は一九九三年に米国のラレイ市（ノースカロライナ州）で開催され、そのときから招待ではなく一般参加方式に切り替わり、約八〇名が出席しました。私はその出席報告を再び上記の学会誌に寄稿しましたが（一九九四年一月号）、このときから名前を「近接場光学」と呼び変えました。なぜなら「近視野光学」では当時活発になり始めた近視眼の矯正手術などと混同してしまう印象を与えると思ったからです。これを境にその後は「近接場光学」という日本語名が定着しました。

その近接場光学の研究の初期である一九八〇年代前半には、近接場光学顕微鏡を開発する研究が相次いで開始され、その研究成果は日本と欧米の数ヶ所でほぼ同時期に発表されたため、特許権の主張などにも関連して、初期にはこの顕微鏡に対してさまざまな英語名が与えられました。その数は研究者の数ほどあるといわれたときもあり、いまだに統一的な英語名は決定していません。たとえば、米国ではＮＳＯＭ（Near field Scanning Optical Microscope）、欧州ではＳＮＯＭ（Scanning Near Field Optical Microscope）、さらにはＰＳＴＭ（Photon Scanning Tunneling Microscope）などと呼ばれています。その当時、米国における研究を先導していた研究者の一人の主張ではＳＮＯＭを発音すると「スノーム」となって、「swarm（蜂の群）」、「worm（虫）」などを連想してしまい、あまり響きがよくないのでＮＳＯＭのほうがよいそうです。いずれにしても学術的にしっかりした根拠はありません。

その証拠に、筆者らが数年前に論文を外国の学術誌に投稿して審査を受けたとき、「近接場光学顕微鏡のことをＮＳＯＭと記さないと掲載許可しない」とか、「ＰＳＴＭという呼称を使うのならば、ＰＳＴＭに関して提出されている特許番号のすべてを論文に引用せよ」、などの奇妙な意見が返ってきたこともありました。特許も大事ですが、学問を発展することのほうがさらに重要であるので、これらの意見が返ってこないようにするため筆者は最も基本的で短い呼称、ＮＯＭ（Near field Optical Microscope）を使うようにしています。

ところで、一九六〇年に発明されたレーザについても当初は光メーザ、イレーザなどと呼ばれていましたが、その後の研究開発の進展により、レーザという呼称に統一され、今日に至っています。筆者は近接場光学顕微鏡についても呼称を統一したいと思い、一九九五年十二月には筆者の古くからの知人であり、近接場光学に関する先駆者の一人、ＩＢＭチューリッヒ研究所のポール博士に提案し、呼称を統一する国際委員会を開催しようと試みました。ポール博士も当時の呼称が統一されていないこと、各呼称が確固たる科学的根拠に基づいたものではないことなどの問題点を認めながらも、場所、時間、費用などの実行上の障害により委員会開催は未だ実現していません。今後の展開に期待したいと思います。

以上の成功例があるので、フッ酸によりファイバを尖らしてファイバプローブを作ることはいまとなっては当たり前のように思われるかもしれません。しかし、それまではファイバプローブを作ること自身、したがって近接場光を発生させることが難しかったため、近接場光に関わる研究は敬遠されていました。中には「近接場光などは実は存在しないのだ。存在しないことを証明してみせる」という主張まで現れました。これは私よりずっと若い人の発言です。頭の固さ、未知への挑戦に対する臆病さは年齢にはよらず、学校でしっかり勉強した秀才にもこのような傾向が見られるのでご注意あれ。

以上のような研究に私が挑戦したのは、それが当時流行のテーマであったからではなく、また理論家が結論したことであったからでもありません。将来の光科学技術にとって必要であり、かつこの分野の研究が欠落していると判断したからです。いわば、多くの人たちとはまったく別の方向に向かって、独断と偏見をもって着手した研究であり、無謀にも研究費、実験装置、マンパワーがほぼゼロの状態から始めたものです。したがって、世に出して発表して恥ずかしくない成果が得られ始めたのは一九八〇年代終わり頃になってからです。しかしその間、一九八〇年代中頃には欧米でも類似の研究成果が発表され始めたこともあり、この独断と偏見が決して的はずれでないことを知って勇気づけられました。ただしその当時は、また依然として現在でも、欧米でやっていることを輸入して研究することに意義を見出す人からは本節表題のように「何て変なことをやっているんだ。そんなことをやっている奴は欧米にはいないぞ」というコメントも届けられました。

世界の研究の進展の様子を表1・2にまとめますが、シンゲが示唆してから半世紀の空白期の後に一九八〇年代に入って近接場光の研究開発が始まったといえるでしょう。すなわち、一九八二年に私はファイバプローブの開発を始めました。一方、一九八四年にはスイス（IBMチューリッヒ研究所）から石英結晶を流用したプローブを用い、近接場光学顕微鏡に応用する実験が発表されました。そして、一九八六年には米国（コーネル大学）でも同様の研究発表がありました。一九八〇年代の研究開発の方向は顕微鏡技術、走査プローブ顕微鏡技術の枠組みの中にとどまっており、現

**表 1.2**　近接場光技術とナノフォトニクスの研究開発の歴史的経緯

| 分類 | 年代 | トピックス |
|---|---|---|
| 示唆期 | 1928 年 | ・微小開口により発生する光を用いた高分解能顕微鏡の示唆。 |
| 開拓期 | 1980 年<br>〜<br>1983 年 | ・東工大（日）、IBM チューリッヒ研究所（スイス）、コーネル大学（米）、マックスプランク研究所（独）、で独立に実験開始、特許取得。<br>・初期の特許競争。<br>・日本では選択エッチングによるファイバをプローブとして使用。<br>・欧米では微小開口、毛細ガラス管、加熱引っ張り法によるファイバ、などをプローブとして使用。 |
| 移動期 | 1980 年代中期 | ・上記欧米の若手研究者が大学やベル研究所（米）などに移動し、特に米国で研究推進（分解能は低いが各種特許取得。研究機関間での特許抗争）。<br>・欧米でのプローブ開発技術の停滞。日本でのプローブ性能の進展（光エレクトロニクス、ファイバ技術の支援を受ける）。<br>・欧米では顕微鏡として有機化学、バイオ分野が進展。<br>・ベル研究所（米）、東工大（日）による光メモリの原理実験。 |
| 成長期 | 1980 年代後期<br>〜<br>1990 年代初期 | ・研究人口の増加。<br>・日本ではナノフォトニクスへの応用が進展し、かつ量子光学分野の実験と理論が出現。<br>・米国の民間研究機関での応用志向研究方針によりベル研究所などで研究グループの消滅。 |
| 発展期 | 1990 年代中期<br>〜 | ・日本ではナノフォトニクスを光関連ナノテクノロジーととらえて研究開発が進展。ナノ光加工、ナノ光デバイスの研究が進む。特に産業界では光メモリ応用に興味集中。<br>・欧米でのプローブ製作関連のナノテクノジーの出遅れによる技術の沈滞。しかし、2000 年に入り、米国政府のナノテクノロジー技術重点化始まる。 |

に欧米ではその当時から現在に至るまで有機化学、生物などの試料を計測するための応用としての限定された研究分野にとどまっている感があります。

しかし、私はファイバプローブ開発を開始した一九八〇年初頭の時点ですでに近接場光の応用としては計測でなく、むしろナノフォトニクス、すなわち「近接場光の特徴を活かしてナノメートル寸法の微小な光デバイス、光加工を実現する技術」が重要であると感じていました。そしてまず、日本のファイバ製造技術の質の高さに支えられてファイバプローブ加工に成功し、引き続き顕微鏡に応用してファイバプローブの優越性を実証することができました。なお、欧米ではファイバ以外の素材を使ってプローブを作ったり、ファイバを熱溶解して先鋭化しプローブを作っているため、製作の再現性やできあがったプローブの性能は高くありません。これに対し、私は化学エッチングによりファイバを先鋭化してプローブを作る方法を発明したので、再現性、性能ともに極めて優れています。

この優れたプローブを使うことにより、その後の私の研究の進展として近接場光は試料の形をみる顕微鏡だけではなく、試料の構造を調べる分光分析機が実用化しています。また、ナノフォトニクス、すなわち「近接場光の特徴を活かしてナノメートル寸法の微小な光デバイス、光加工を実現する技術」、さらには次節で述べるように、高密度の光メモリを実用化する国家プロジェクトが産業界で始まりました。また、さらに微小寸法の極限的な光科学技術として、真空中を飛行する中性原子をひとつずつ操作するアトムフォトニクスを近接場光で実現する研究も私が一九九〇年代初期に開始し現在に至っています。これらはいずれも欧米にはない進展です。前記の頭の固い秀才や欧米追随の研究者にはこのような進展はよもや想像できないでしょう。そういえば彼らはいま何をしているのでしょうか？　いまだに先人の文献を調査したり、欧米の研究の後追いをしているのでしょうか？

## 第五節　ナノフォトニクスの幕開け

一〇頁で示した社会の要求を図1・18にまとめますが、光技術は回折限界を超えるためのパラダイムシフトを必要としています。これはナノフォトニクスによって実現しますが、本節では社会の要求に応えるためのナノフォトニクス、すなわち「近接場光の特徴を活かしてナノメートル寸法の微小な光デバイス、光加工を実現する技術」について説明しましょう。

### トップダウン型の戦略をとる

一般のナノテクノロジーはナノ寸法物質を作ってそれらを積み上げ、組み合わせてデバイスなどを構成するのでボトムアップの技術とも呼ばれています。一方、ナノフォトニクスにより近接場光を使ってナノ寸法の材料を加工し、それを使ってナノ寸法の光デバイスが作れるようになってきました。これは二〇一〇～二〇一五年の高度情報化社会、福祉社会を支える情報通信、記録などのシ

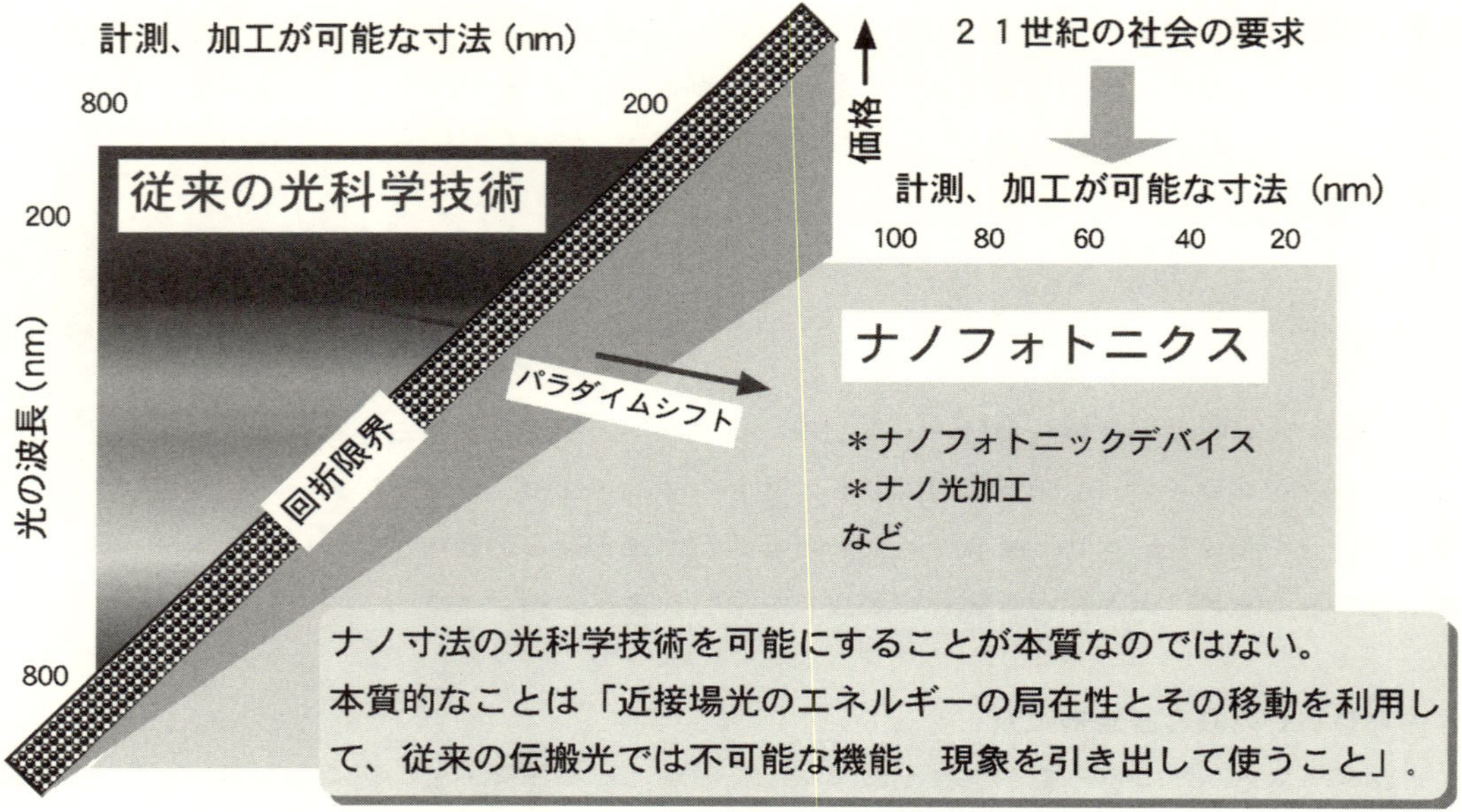


図 1.18　21 世紀の社会の要求とそれを実現するナノフォトニクスの特徴

ステムに使えます。このように、「材料→デバイス→システム」といった「小→大」の構築の考え方なのでこれもボトムアップ型の技術です。しかし、重要なことは同時に「社会の要求→システム→デバイス→材料」という「大→小」の考え方、すなわちトップダウン型の戦略も配備することです。私の知る限り、一般のナノテクノロジーにはこのトップダウン型の戦略はまだ明確でなく、ナノ寸法のテクノロジーとして成長するために必要なシステム的思考は必ずしも十分ではありません。したがって、現状はナノマテリアル、ナノサイエンスの段階にとどまっている感があります。農耕民族である日本人は材料、デバイスを作ることは得意でも、抽象的なシステム構築は不得意であり、それが一九八〇年代以降、追いつけ追い越せ型の我が国の光技術が米国にリードを許した原因です。これに対し、ナノフォトニクスは図1・19に示すように、ボトムアップと同時にシステム的思考のもとにトップダウン型の戦略をとって世界をリードしています。

ところで、最近は図1・19にも示すように、ナノメートル寸法の材料を多数用いた量子ドットレーザ、フォトニック結晶などが研究されています。これらは旧来の光デバイスとは異なった性能を発揮しますがナノフォトニクスとは無縁です。なぜならば、これらは伝搬光を情報の担い手として使っているからです。伝搬光は波動の基本的な性質、すなわち回折のためにそのエネルギーは波長の寸法程度以下の領域には集中しません。すなわち、これらの技術では光の波長の寸法以下の微小光デバイスを実現することはできないことに注意すべきです。ナノフォトニクスの実現には情報の担い手としての光のエネルギーが集中する領域の寸法がナノメートルでなければなりません。さら

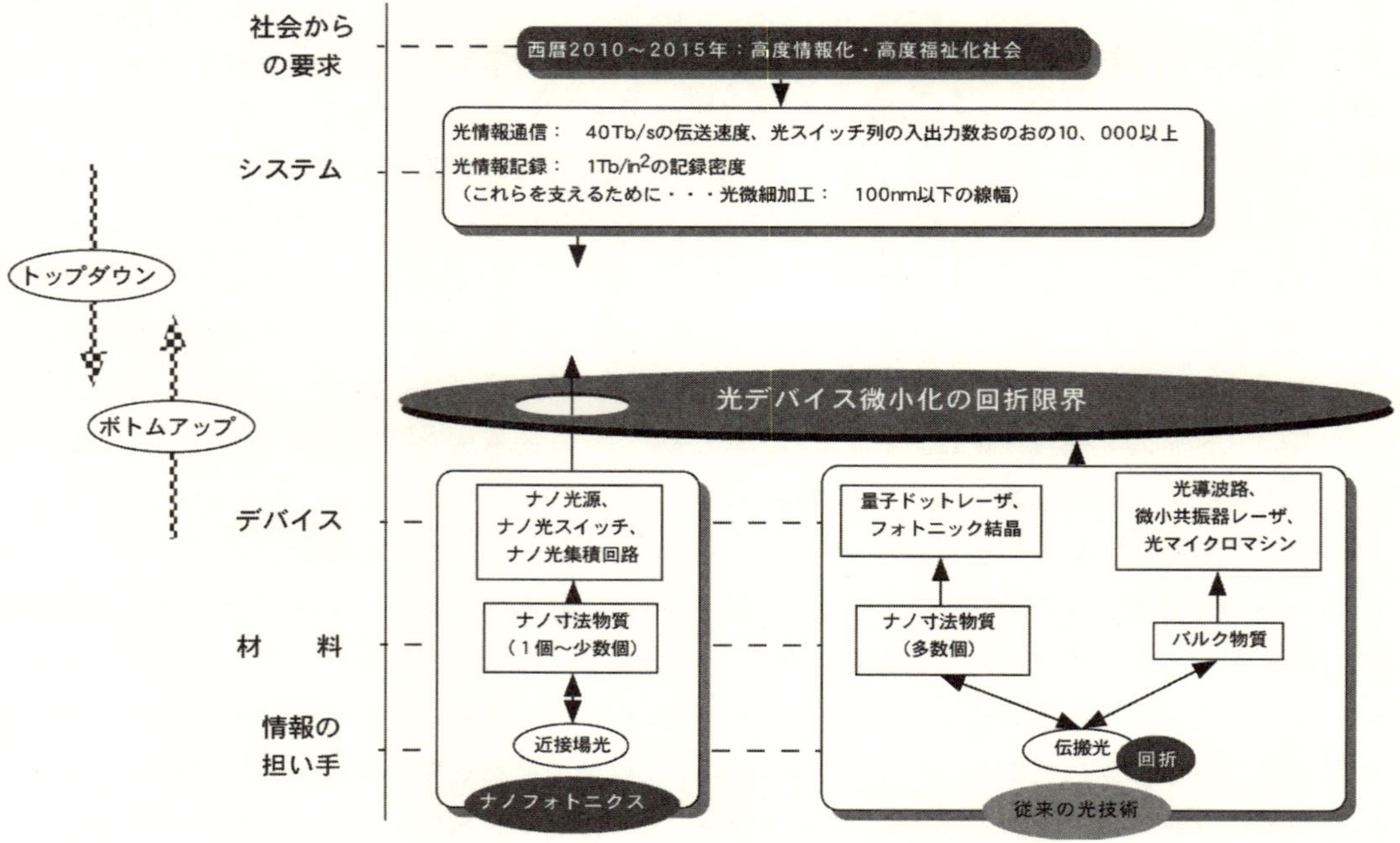


図 1.19　ナノフォトニクスがとるボトムアップ、トップダウン戦略

に、そのような「微小な光」を発生し使用するためには一個～数個のナノメートル寸法材料で光デバイスを構成する必要があります。これらを実現するのが近接場光です。

図1・10のように、球S表面の近接場光を微小光源と見なすと、その寸法は入射光の波長にはよらず、球Sの大きさ程度なので球Pに近づけて照明しその像を観察したり、また加工することにより回折限界を超えた微小な光技術が可能となります。球Pが近づくと卵の白身の中に黄身が二つあるような状態になることは二一頁で述べたとおりですが、この点が重要なのです。すなわち、

① 二つの球が近接場光を媒介として結合した状態になっている。

② このように結合した微小な系（ナノ系と呼ばれている）が、それよりずっと寸法の大きな巨視系（ファイバプローブの根本、試料用基板、入射光、光検出器などからなる）に囲まれている。

この状態を詳細に記述するには量子論が必要ですが、それによると伝搬光を使う場合には見られないエネルギーの移動（非共鳴エネルギー移動と呼ばれています）が二物質間で起こることが指摘されています。すなわち、ナノ系のみに注目するとエネルギー保存則からのずれが生じます。そのエネルギーの過不足分は上記②の巨視系からまかなわれるので、ナノ系と巨視系とを合わせた全体ではエネルギー保存則は成り立ちます。ナノフォトニクスの本質は、このように巨視系の中から適当なナノ系を抽出し、図1・18中にも示したように、従来の光技術では困難なエネルギー移動の形態を利用してナノメートル寸法の微小な光デバイス、光加工を実現することなのです。このほか、

運動量、角運動量についても同様のことがいえます。ナノ寸法の光技術が実現することは副産物にすぎないのです。

## どのように進展しているか

前節で述べたナノフォトニクス、近接場光の原理に基づき、将来の社会からのトップダウン型の要求に応えるためのシステム、それを実現するためのデバイスと材料の技術について説明しましょう。

(1) 高密度光メモリの開発

記録密度一テラビット／平方インチを実現するために、図1・20に示すように、近接場光を用いた光記録再生システムが開発されています。ここでは、もはやファイバプローブではなくシリコン結晶基板を用い、歩留まりを高めるために異方性エッチングにより作製した二次元プローブ配列を搭載した記録再生スライダが開発されています。その結果、相変化記録用光ディスクに密度約六〇ギガビット／平方インチで光記録されています。また、それを毎秒〇・四三メートルの速度でスライダを走査して再生しています。これは二次元配列中のプローブ数が一〇〇個の場合、四〇〇メガビット／秒の再生速度に相当します。なお、光ディスク面に厚み一〇ナノメートルの潤滑油の薄膜を塗り、この上を安定にスライダが滑って走査するようにしています。このときのスライダの飛びはねの高さはわずかに一ナノメートルです。今後はデバイス（スライダ）、材料（記録媒体保護膜、

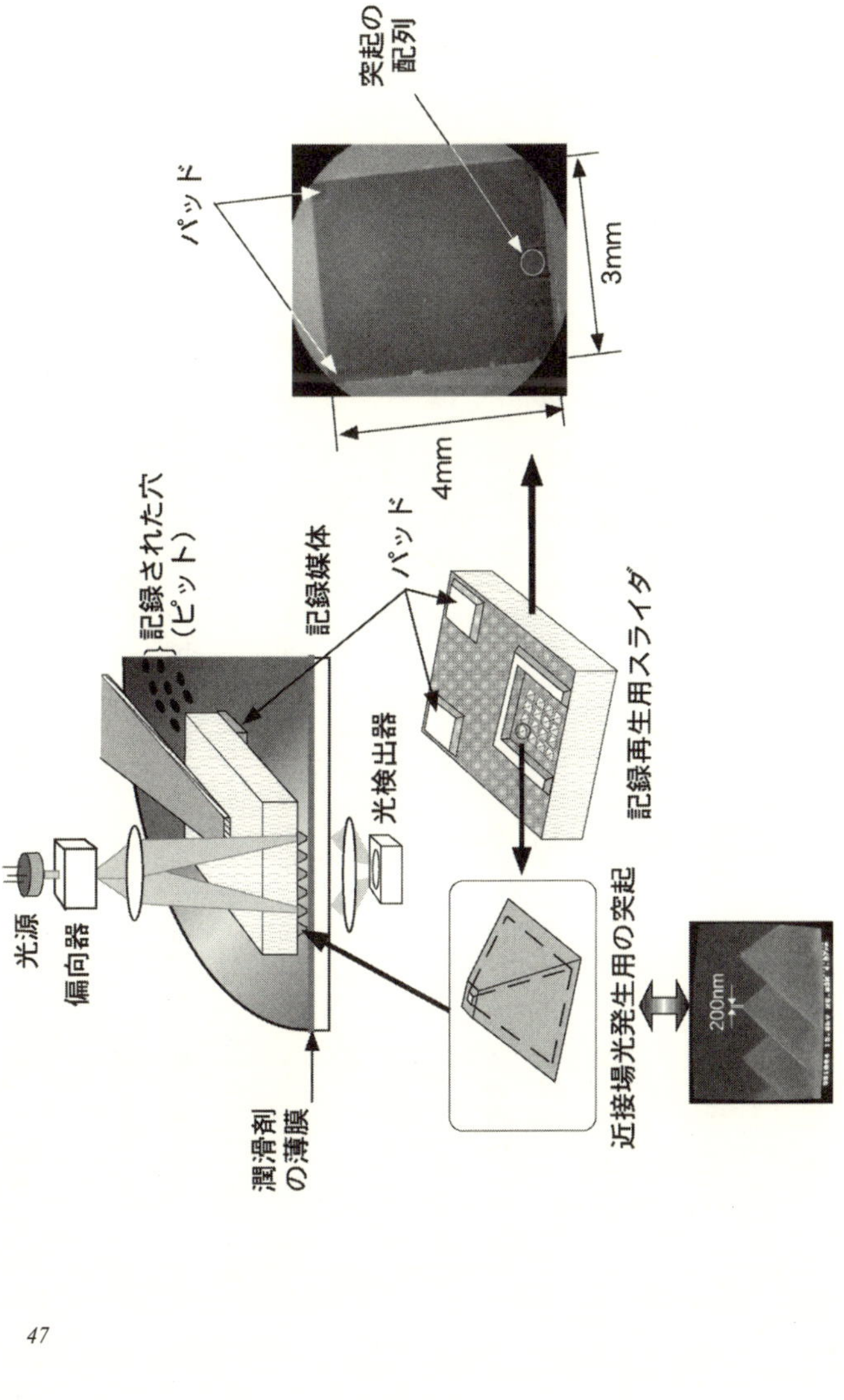


図 1.20　近接場光による高密度光メモリの例

潤滑剤)、評価方法(光ディスク計測)などの要素技術を相互連携してさらに性能を向上させるべく、システム開発が始まっています。

記録媒体表面のわずか一〇ナノメートル上を毎秒〇・四三メートルの速度、一ナノメートルの飛びはねで動かすということはどんなことなのか、一例としてマッハ一・五の超音速で飛ぶジェット機を例にとり考えましょう。音速は毎秒約三五〇メートルですから、マッハ一・五の速度は毎秒約五二五メートルであり、これは毎秒〇・四三メートルの約一二二〇倍です。そこで、一〇ナノメートル、一ナノメートルを同じく一二二〇倍すると、おのおの一二マイクロメートル、一・二マイクロメートルになります。つまり、超音速ジェット機が地上すれすれの高さ一二マイクロメートルを一・二マイクロメートルの飛びはねで巡航することになります。これは「すれすれ」などと表現すべき高さでは決してなく、ジェット機が地上をかすりながら動いているというほうが適当ですね。このような状態ではジェット機の腹と地上表面との間でどんな摩擦が起こっているのでしょうか。想像の範囲を超えています。このように想像の範囲を超えた現象が記録媒体の表面上でも起こっているのに違いありません。この現象の解明は今後の発展に期待したいものです。

なお、ここで注意すべきは社会からのトップダウン型の要求に応えるために、ナノテクノロジーの基本的な計測技術である近接場光学顕微鏡とは逸脱した形態をとっていることです。その代表例はスライダの著しい高速走査です。

(2) ナノフォトニックデバイスとその集積回路の開発

私は二〇一五年の光ファイバ通信システムの要求に応えるために、近接場光を用いたナノ寸法の光デバイス（ナノフォトニックデバイスと命名しました）とその集積化を開発しています。集積化システムの構成原理を図1・21に示します。ここでは、ナノ寸法物質と近接場光との相互作用を利用し、個々のナノ寸法物質に近接場光の発生、スイッチング、検出機能を発現させ、情報を担う近接場光をナノ寸法物質間で転送します。したがって、従来の光技術の主役であったレーザは姿を消しています。すでに酸化亜鉛の青色発光や三つの量子ドットを組み合わせた光スイッチングなどの実験および理論的研究が行われています。トップダウン型戦略を反映してこのシステムは次の特徴をもちます。

①　高い信頼性を確保するため、図1・20の記録再生スライダのような可動部を排除し、平面埋め込み型のシステムとなっています。すなわち、近接場光学顕微鏡で採用されているプローブ走査、および試料と接近させる点接触の二つの概念を排除しています。

②　上記の光スイッチングはナノ寸法物質と近接場光との局所的相互作用（すなわち、四五頁の非共鳴エネルギー移動）を利用しています。したがって、これはデバイスの寸法が数十ナノメートルと小さいのみでなく、通常の伝搬光を用いたのでは実現不可能であり、近接場光によってのみ働く特異なデバイスです。すなわち、光デバイスのパラダイムシフトの典型です。この例に見られるように、ナノフォトニクスの本質は決して小さな寸法の光科学技術を実現することではなく、通常の光では実現できなかった新規な機能を実現するということなのです。

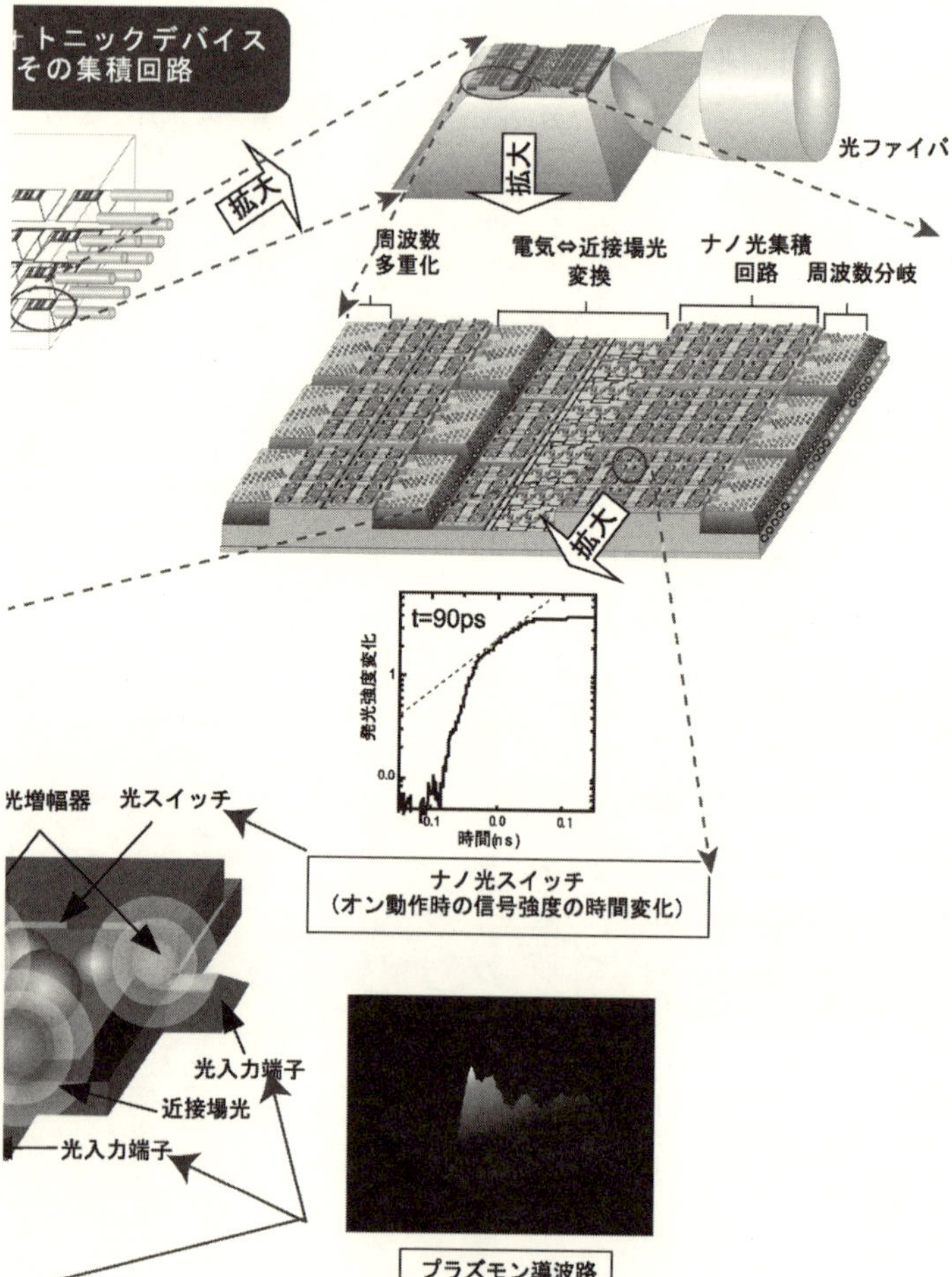


図中の写真はその開発の結果の例。

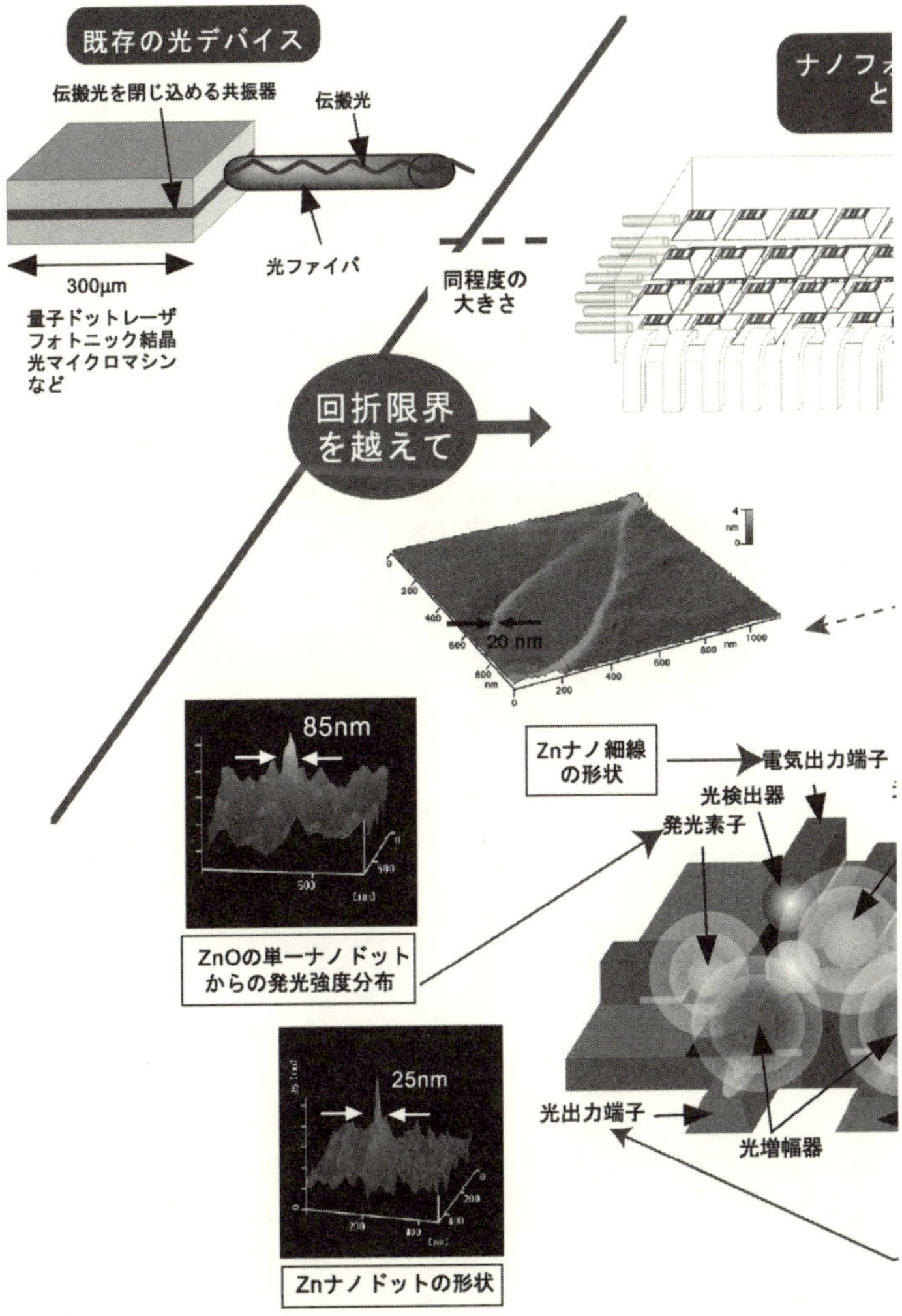


図 1.21　ナノフォトニックデバイスとその集積回路の構成。

③　外部の大寸法の光デバイス（たとえば光ファイバなど）と接続して一般ユーザの使用に供するためのインターコネクションを配備しています。これは、ナノフォトニックデバイスの中の近接場光を伝搬光に変換して外部に伝送すること、またはその逆の働きをするものです。半導体と金属細線から構成されたプラズモン導波路と呼ばれるデバイスが、この機能を担っています。

(3)　ナノ寸法の光加工法の開発

図1・21の集積回路を作るにはナノ寸法物質の寸法、位置、間隔に関する精度が高い加工技術が必要です。この精度はナノ寸法物質間で近接場光を転送するために不可欠です。さらに共通基板の上に多様な物質を堆積できることも重要です。しかし、既存の加工技術はこれらの要求を満たしません。たとえば、自己組織化などの微小物質堆積法は熱平衡と化学反応とを利用した集団的方法なので、個々のナノ寸法物質の寸法、位置、間隔の制御性は高くありません。もちろん、半導体メモリ用集積回路作製などに用いられている光リソグラフィも使用不可です。したがって、加工技術に関してパラダイムシフトが必要となります。

そのために、私は近接場光を使った化学気相堆積法を開発しました。これは図1・22に示すように、気体中の有機金属分子に近接場光を照射し、分子中の電子を基底準位から励起準位へと励起し、分子に含まれている金属原子などを解離して基板の上に堆積する方法です。近接場光発生用デバイスの寸法、位置を制御することにより上記の精度を満たします。また、近接場光発生用の光の種類を変えると多様な分子を解離、堆積できます。図1・21にも示したように、亜鉛、アルミニウムなどの金属、酸化亜鉛などの酸化物（半導体のエネルギー構造を有する）の微小パターンなどが形成されています。このほかガリウム・ヒ素などの化合物半導体の堆積も可能です。

さて、光化学気相堆積は伝搬光でも可能ですが、これらの分子を堆積する場合、伝搬光で解離しようとすると電子を励起するために紫外線が必要でした。しかし、近接場光の場合はそれよりも光子エネルギーの低い青色光や赤色光を用いても可能であることが確認されています。これは、四五頁の非共鳴エネルギー移動の結果であり、このことは近接場光を用いれば伝搬光では不可能であった新物質が堆積できることを意味しています。この例もナノフォトニクスの本質を示しています。すなわち、小さな寸法の物質を作ることだけではなく、通常の光では実現できなかった新規な加工を実現しているのです。

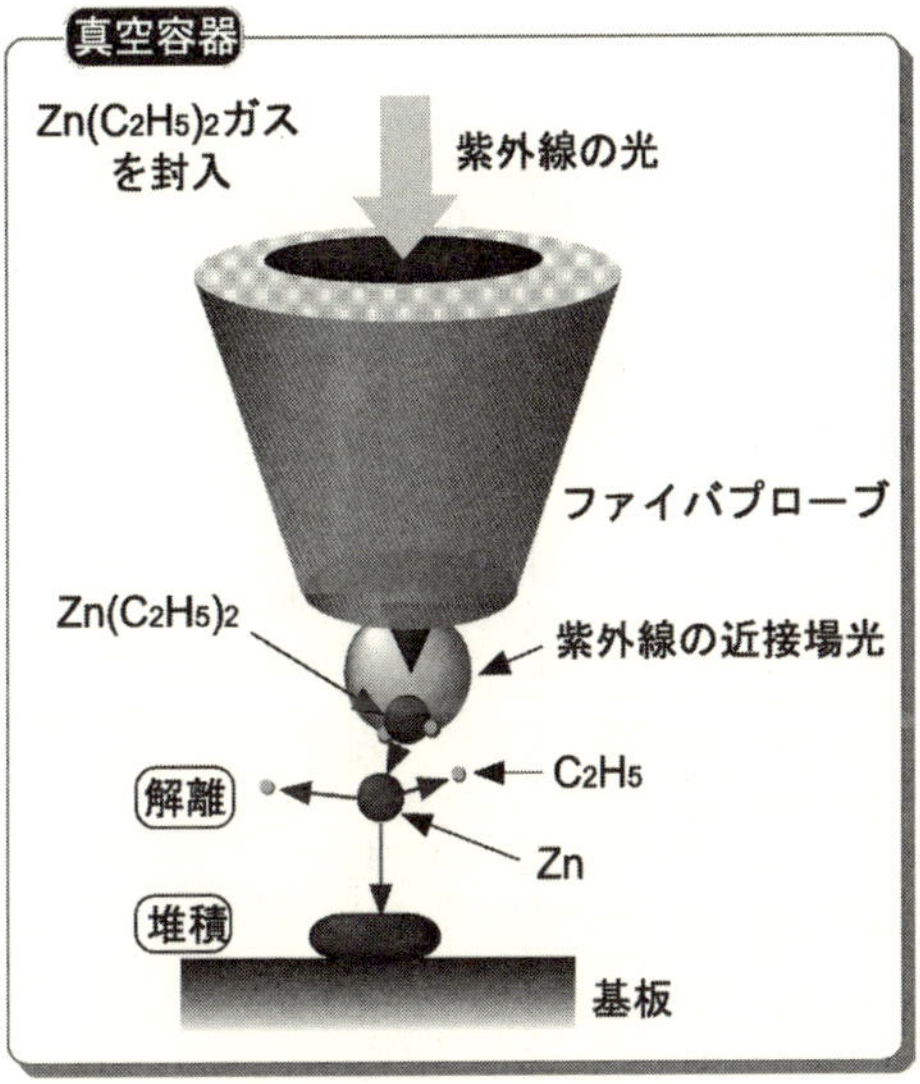


図1.22　近接場光を使った化学気相堆積法の原理。ジエチル亜鉛（$Zn(C_2H_5)_2$）の分子を解離し、亜鉛（Zn）を堆積する場合の例。

## 第六節　挑戦は続く

従来の光科学技術は回折限界との戦いでした。たとえば、光メモリの高密度化のために紫外線半導体レーザなどの短波長光源の開発が進みました。しかし、光源の短波長化、すなわち回折限界の枠組みの中での開発は終末に近づいています。二十一世紀の社会は波長より小さな寸法の光科学技術としてのブレークスルーを必要としており、それにはナノフォトニクスが唯一の解を与えます。ただし、この技術は過去の光科学技術の延長上にはない近接場光という概念に基づいています。

以上に示したように、ファイバ先鋭化法の発明がきっかけとなり、当初予期せぬ早さでナノフォトニクスが発展しています。これは先人の書いた教科書、文献を読んだだけではわかりません。これらには説明できることしか書いていないからです。かつて「何馬鹿なことをやっているんだ」といっていた人も最近では「実は私も昔近接場光について考えたことがあってね」といってくれるようになりました。このようにいう人が世界で五人以上現れると、その研究は確立したといわれています。最近では、近接場光とそれを用いたナノフォトニクスの研究もいよいよ本物になってきたかと感慨にふけっています。つくづく研究を中断しなくてよかったと思います。中断しない限りどんな研究も成功するのです。研究はおもしろいな。欧米の研究者も研究の初期段階では結構馬鹿なことを考えていますよ。研究は欧州の封建時代の貴族の趣味から発しています。趣味は一人一人異なるものです。したがって、他人の（特に欧米の）研究のあと追いは研究ではありません。人まねをせず自分の頭で考えましょう。

本章では、近接場光を発生させ使うという新しい（したがってクレージーな）方法により光技術のハードウエアに関するパラダイムシフトを実現させる例を述べました。しかし、これを使うためのソフトウエアに関するパラダイムシフトは未発達といえます。光メモリを例に取ると、どのようなアプリケーションソフトウエアをユーザに供給するかという議論は従来技術の延長上で連続的、帰納的になされているのみです。むしろ芸術家、ゲームソフト設計者などの不連続な発想（これは技術者から見てクレージーな発想といえるかもしれない）が必要です。また、脱着可能型光メモリの規格の国際標準化も重要であり、これに関して我が国が主導権を握ることが光メモリの国内産業を進展させるのに必須です。しかし、そのためには国際的な調整作業（ネゴシエーション）が必要となります。ただし、誠実と奥ゆかしさとを美徳とする国民である日本人にとってクレージーな発想は国内で（むしろ本人の直近の周辺から）の道徳的批判を受ける可能性があるし、国際的なネゴシエーション（もちろん英語で）も得意とはいえません。このことは国民性のパラダイムシフトを実現し、正当な主張をスマートに行うことこそが今後のナノフォトニクスの発展のために重要であることを意味しています。

ナノフォトニクスの技術は光技術の広い範囲をカバーできます。少なくとも、原理的には従来の光技術のほとんどすべての分野をナノフォトニクス技術により置き換えることができるといわれて

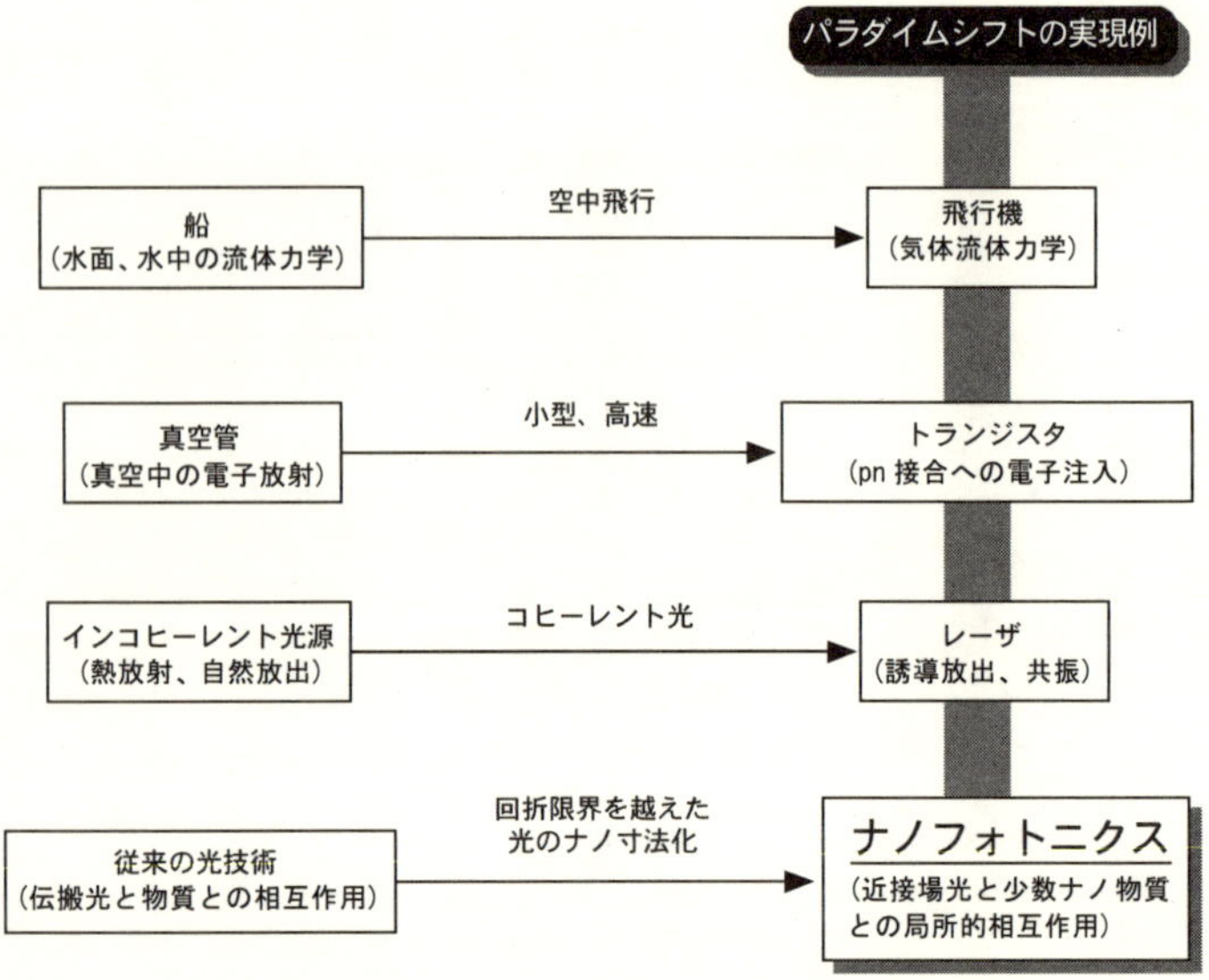


図 1.23　科学技術のパラダイムシフトとしてのナノフォトニクス

います。この置き換えの決定的な効果は回折限界をはるかに超えた微小化という革命的進展をもたらすことであり、これは従来の光技術ではまったく不可能でした。このように考えると、従来の光技術から近接場光を用いたナノフォトニクス技術への移行は、図1・23に示すように、あたかも船から飛行機への技術移行、真空管からトランジスタへの技術移行などと類似した点を多く有します。すなわち、飛行機は船に比べ、トランジスタは真空管に比べ大きなエネルギーを取り扱うことが必ずしも得意ではありませんが、高速性などをはじめとする多くの革命的効果をもたらし、人類の生活様式を根本的に変革しました。飛行機もトランジスタも発明当初はその意義、重要性、応用への展開可能性について疑問視する意見が大半を占めたといわれています。ナノフォトニクス技術もこれらと同様、一九八〇年代にはあまり前向きの批評を得なかったのですが、最近では企業も含め、多くの方が興味を抱いて下さるようになりました。今後一層の新しい挑戦を続けたいものです。

なお、ナノフォトニクスの定義は繰り返したように「近接場光の特徴を活かしてナノメートル寸法の微小な光デバイス、光加工を実現する技術」ですが、次章以下ではこれに対応するのが、第三、四章です。第二、五章はその周辺技術です。それでは、ナノフォトニクスへの生き生きとした挑戦の様子を次章以下で味わってください。

## 参考文献

(1) (財) 光産業技術振興協会編、光テクノロジーロードマップ報告書—情報記録分野—、(財) 光産業技術振興協会、p. 18 (1998)
(2) (財) 光産業技術振興協会編、光テクノロジーロードマップ報告書—情報通信分野—、(財) 光産業技術振興協会、p. 34 (1998)
本章の内容をとりまく状況を概観したければ
(3) 大津元一、ナノ・フォトニクス、米田出版（一九九九）
(4) 大津元一、光の小さな粒、裳華房ポピュラー・サイエンス 239、裳華房（二〇〇一）
近接場光とその応用についての詳細は

(5)　大津元一、近接場光の基礎、オーム社（二〇〇三）

# 第二章　微細計測、分析への挑戦

村下　達

## 第一節　ナノ領域には何がある？

### 電子サイズの不思議な世界

青く広がった大空や輝く海、私たちが普段目にするこれらの風景は、はるか彼方の太陽から届いた光が照らし出しています。この光とは何でしょうか。光はテレビやラジオの電波と同じ電波であり、目に感じることができる非常に高い周波数の電波です。周波数とは一秒間に振動する回数のことで、光では数百兆回にも上ります。光には（振動数）×（波長）＝（速度）という関係があって、真空や空気中では光の速度は一秒間に約三〇万キロメートルなので、光は電波の波長としておよそ〇・四から〇・七マイクロメートル程度の範囲です。電波の波長はエネルギーに反比例していて、可視光よりも波長が短くエネルギーが高い電波は紫外線、可視光よりも波長が長い電波は赤外線と呼ばれています。ちなみに、テレビ放送に使う電波の波長はセンチメートル程度、さらにラジオ電波の波長は数キロメートルにもなります。

電波は電子と互いに密接に結びついていて、電子のエネルギーや運動が変化すると電波が放出され、また逆に電波が吸収されると電子のエネルギーや運動が変化します。電子は電線や回路の中を電流として流れて身の回りのさまざまな電気製品として利用されていますが、電子のサイズは電線などのサイズに比べて非常に小さいので電子のサイズは問題になりません。しかし、非常に小さい電子にも大きさがあります。では、電子と同じサイズの小さな世界はどうなっているのでしょうか。そして光と電子の関係はどうなるのでしょうか。

　長さの単位は、図２・１のように、人間の身長と同じ程度のメートルから始まって小さいほうへ一〇〇〇分の一ごとにミリメートル、マイクロメートル、ナノメートルとつけられています。ナノメートルは一〇億分の一メートルで、物質中の原子の数個から数十個分の大きさに相当し、これがほぼ物質中の電子と同じ程度の寸法になります。ちなみに、原子はおおよそ一〇分の一ナノメートルくらいであり、この長さにはオングストロームという単位がつけられています。この電子と同じ程度の小さなナノメートルサイズの世界では、私たちが普段目にしている大きな寸法の世界では隠れている電子の不思議な性質が顕著になってきます。この不思議な性質は量子効果と呼ばれています。量子効果を表す物理法則は量子力学と呼ばれ、物体から発せられる光の性質を調べていった結果、二十世紀前半に発見されました。

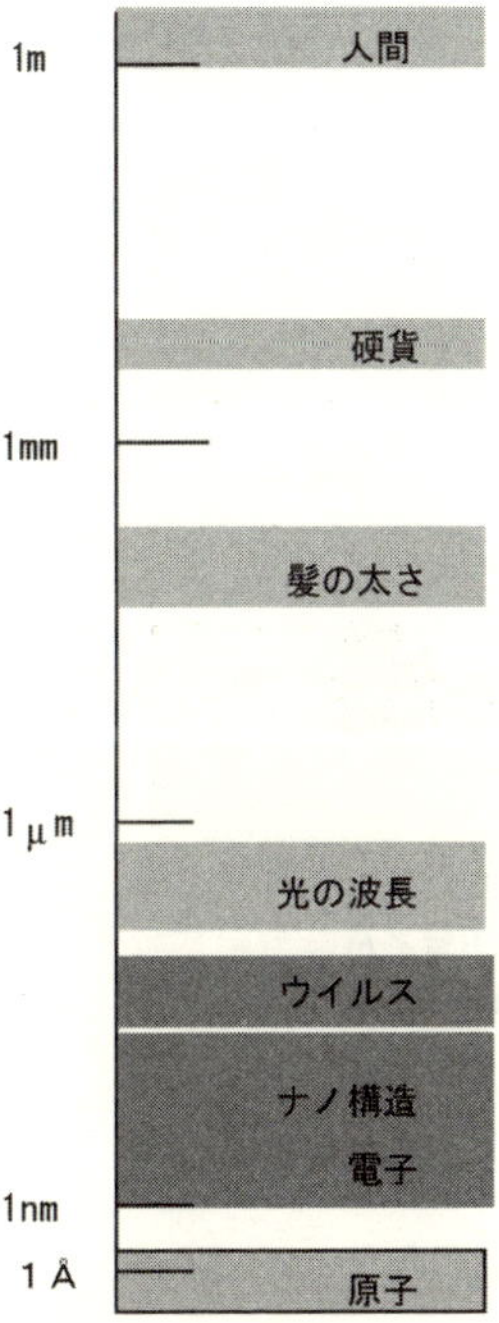


図 2.1　小さなもののサイズ

　量子力学によれば、電子や光子は波と粒子の両方で表される不思議な性質を示すのです。たとえば、図２・２のように、離れた二つの物体の距離がど

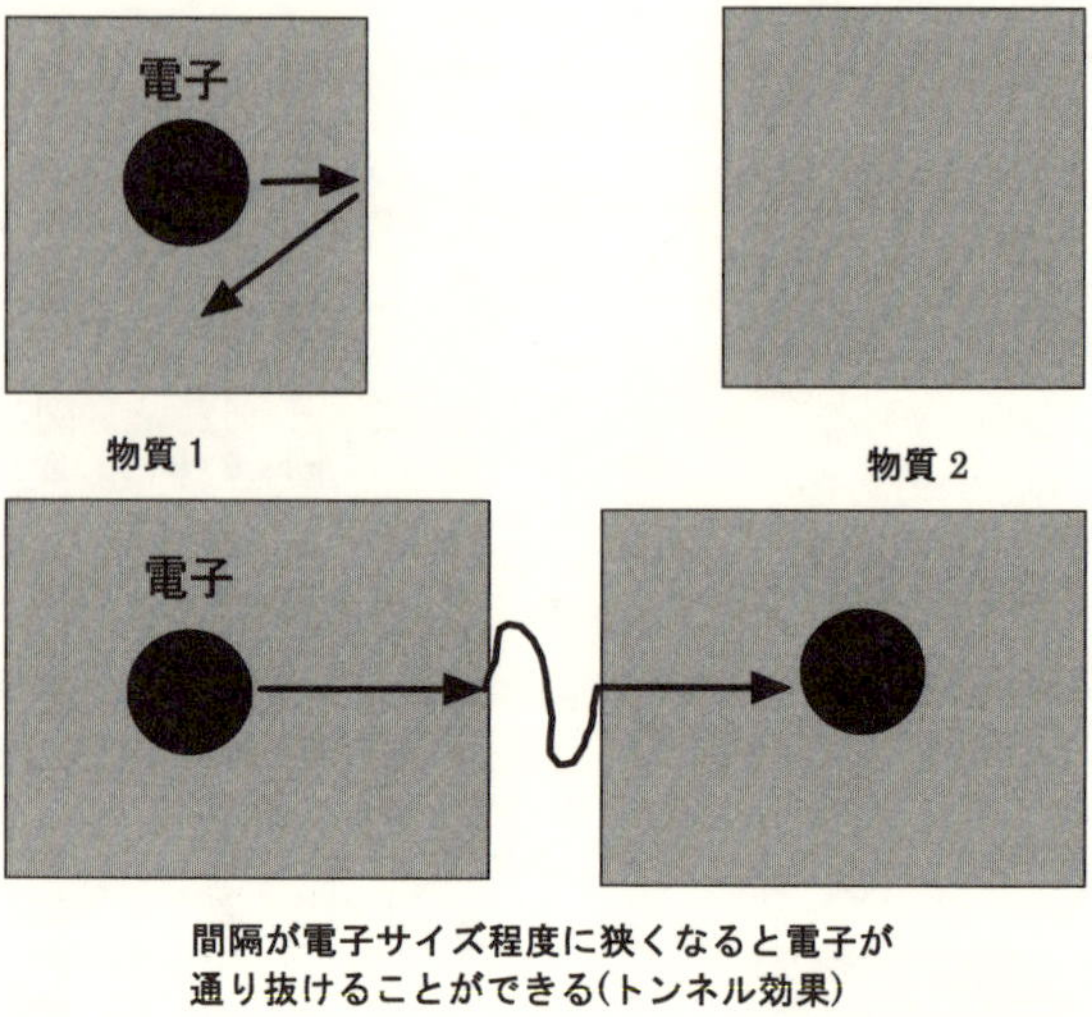


図 2.2　トンネル効果

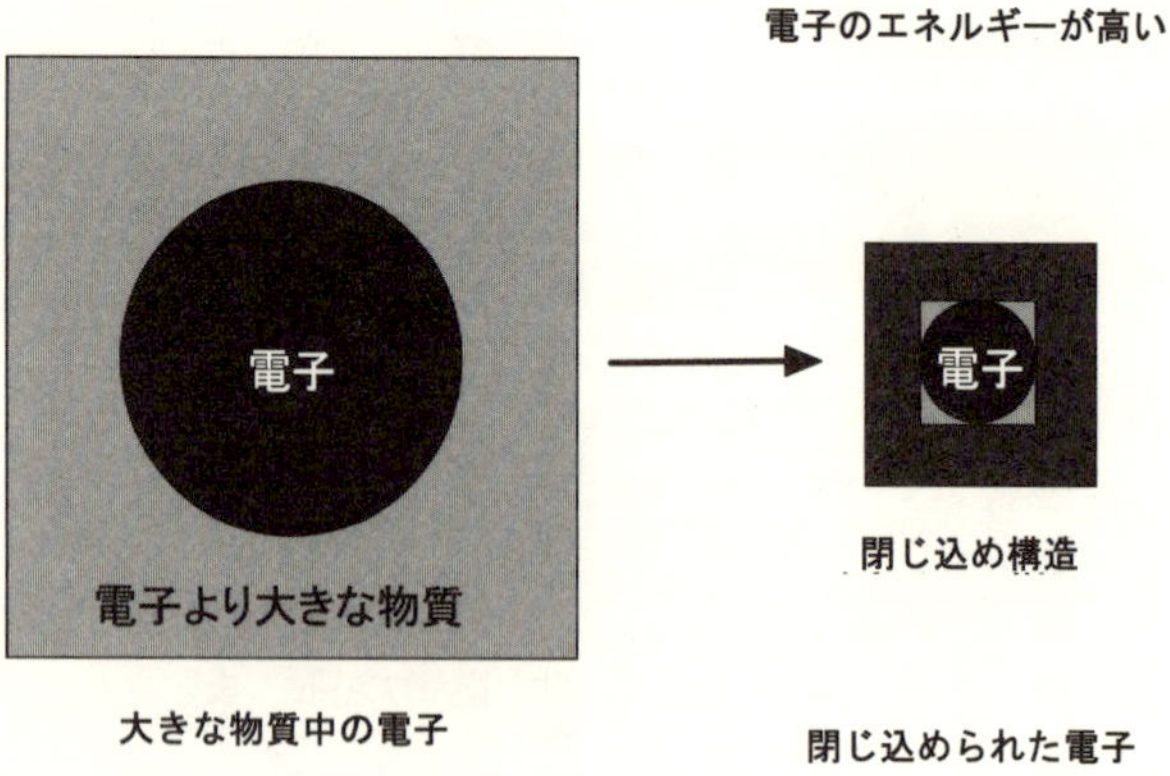


図 2.3　電子閉じ込め効果

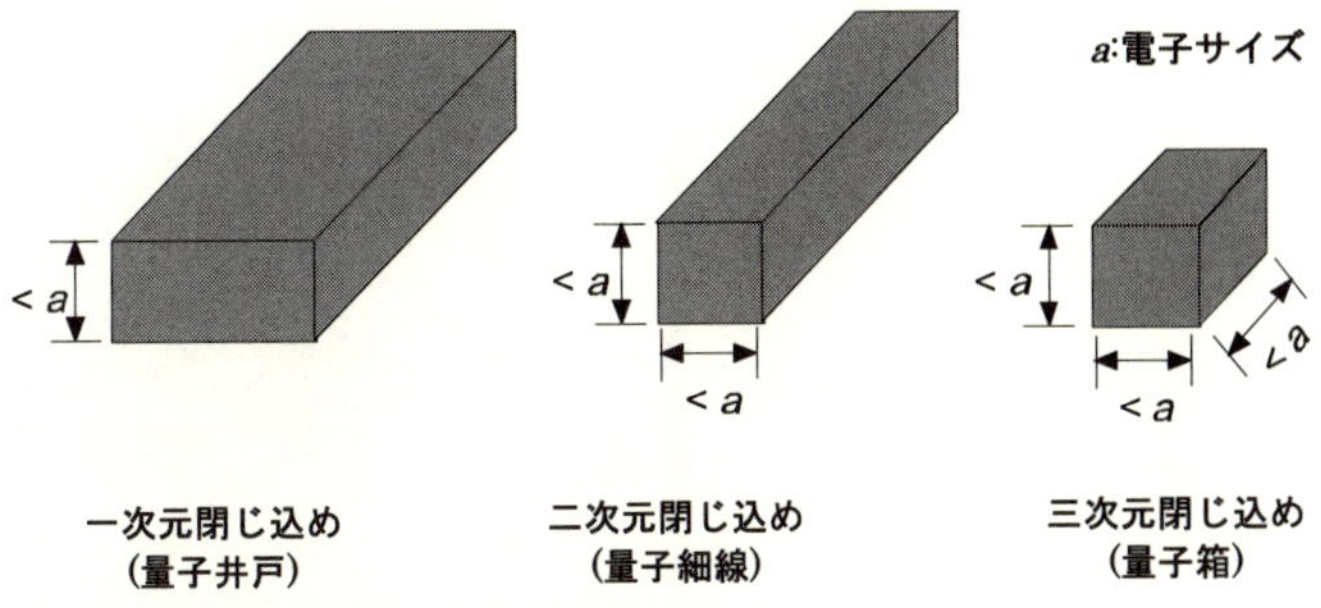


図 2.4　ナノ構造（量子井戸、量子細線、量子箱）

んどん近づいていき、電子の波長と同じくらいの距離に近づくと、物体がくっつかなくても、ポテンシャルエネルギーの壁を乗り越えるエネルギーのない電子がまるでトンネルを通るようにその二つの物体の間を行き来することができるのです。これをトンネル効果と呼びます。また、図２・３のように、電子と同じかそれより小さい物質の中では、電子が閉じ込められて、エネルギーが高くなったり、連続的にエネルギーをもつことができずに離散的なエネルギーをもったりして特性が変化します。これを閉じ込め効果あるいは量子サイズ効果と呼びます(1)。

## ナノ構造とは

オングストロームサイズの結晶格子に比べ数倍から数十倍程度大きなナノメートルサイズの電子閉じ込め構造をナノ構造と呼びます。ナノ構造には基本形として図２・４に示すように、縦と横と高さの三方向から閉じ込める構造があり、一方向からだけ閉じ込める構造を量子井戸、二方向から閉じ込める構造を量子細線、三方向とも閉じ込める構造を量子箱（あるいは量子ドット）

と呼びます。半導体技術の分野では、コンピュータに使用する高密度集積回路などを作るために加工技術が大いに発展した結果、半導体結晶を成長させる技術や逆に半導体を削る微細加工技術の進展によって、原子一個に相当する驚くべき加工精度でナノメートルサイズの構造を人工的に形成することが可能となっています。一例として実際に作った量子井戸の電子顕微鏡写真を図2・5に示します。半導体ナノ構造を使うと、動作の高速化や消費電力の低減さらに量

図 2.5　量子井戸の電子顕微鏡像

子効果による新機能などが期待されるので、研究が活発に進められています。このように、ナノメートルサイズの物質を利用したり調べたりする技術はナノテクノロジーと呼ばれ、二十一世紀の新しい技術が発展する基盤になると期待されています。

ところで、半導体を使ってナノ構造を人工的に作り量子効果を制御しようというアイデアは一九六九年にノーベル賞受賞者の江崎玲於奈博士によって最初に提案されました。江崎博士はこれを国際的に著名な物理学論文誌に発表しようとしましたが、論文誌の編集者からこのアイデアは新規性がなくまた実際に作ってみなければ意味がないとのことで掲載が拒否され、しかたなく勤めていた

会社（ＩＢＭ）の社内報に載せたそうです。その後、図２・６に示すような、真空中で原子を一層一層積むことができる分子線エピタキシー（MBE：Molecular Beam Epitaxy）と呼ばれる技術を使って、この量子構造を一九七四年に実際に作り、その特性を実証しました。それにより、ナノ構造の物理学的究明や工学的応用が盛んになりました。結局、この論文が載ったＩＢＭの広報誌はそれ以後多くの研究者から引用されることになったそうです。

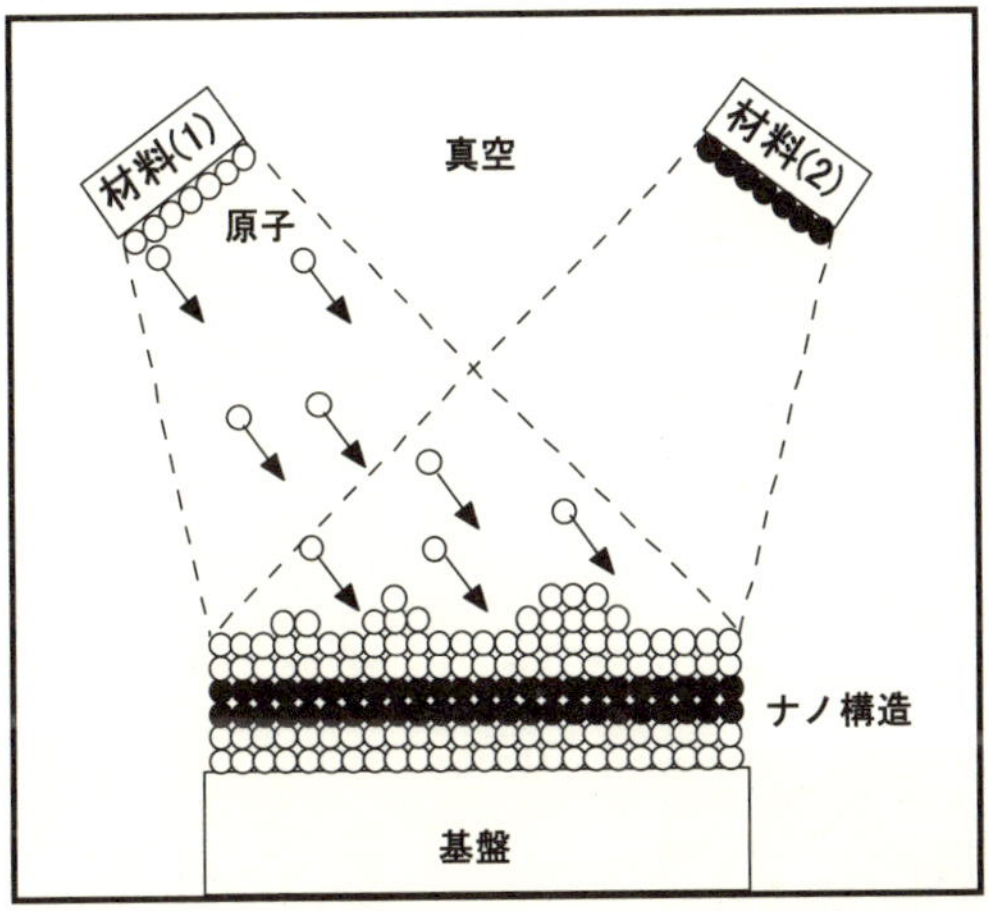


図 2.6　MBE によるナノ構造作製

このように、斬新なアイデアはたとえその分野の専門家によっても正しくその価値が評価されないこともあるのです。このようなとき私たちは自分の自信が揺らぐことがありますが、日頃から自分の考えに間違いがないか常に自分に正直に問い続けることが重要です。そして自分に間違いがないと確信がもてれば（必ずしも正しいという確信でなくてもよい）、専門家に否定されたからといっても、あまり気にすることはありません。研究を進めるときにはこのようなことがしばしばあるのです。

## ナノ構造が光でわかる

ところで、ナノ構造の加工精度を上げたり、性能を向上させたりするためには、ひとつひとつのナノ構造の電気的特性や光学的特性を調べることが重要になります。それにはどうすればよいのでしょうか。電子と正孔が結びつくときに発生する光を調べることによってできるのです。半導体では電子が原子の周りに縛りつけられた状態（価電子）と遠くまで移動できる状態（伝導電子）があり、これらの状態の間を変化するには、バンドギャップと呼ばれる大きなエネルギーを超えるエネルギーを出し入れしなくてはなりません。このような大きなエネルギーを与えると、図2・7(a)の

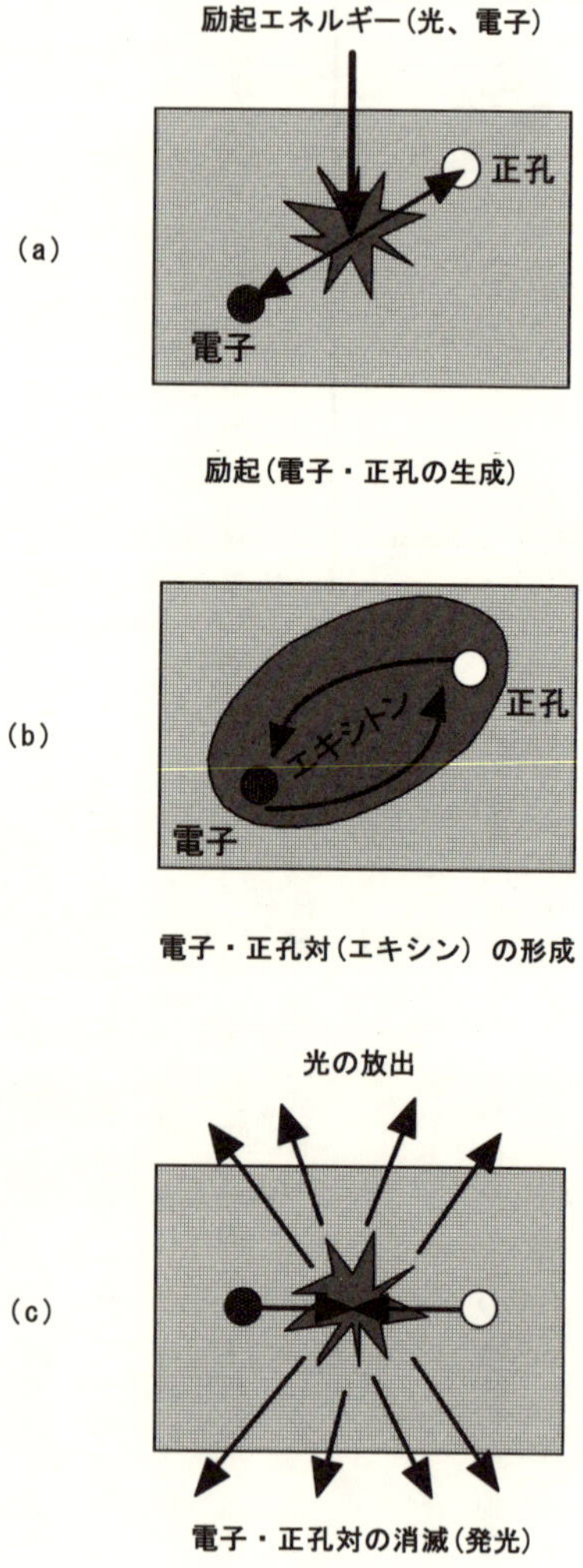


図2.7　エキシトン（発生から再結合発光まで）

ように、マイナスの電荷をもった価電子がエネルギーを吸収して伝導電子となって飛び出し、あとに電子の抜け殻のようなプラスの電荷をもった正孔という状態が残ります。逆に、伝導電子は正孔と結びつきエネルギーを失って価電子になります。次に、図(b)のように、電子と正孔は消滅直前に一時的に結びついた状態になることがあります。このように、電子と正孔とが接近して互いに引き合って電気的に中和したひとつの粒子のように振る舞っている状態をエキシトン（exiton）あるいは励起子と呼びます。エキシトンは不安定なため、一〇億分の一秒程度のごく短い時間しか存在することができず、最終的に図(c)のように、電子と正孔が再び結合してエキシトンは消滅します。このとき、物質によってはエキシトンがもっていたエネルギーが光となって放出されるのです。

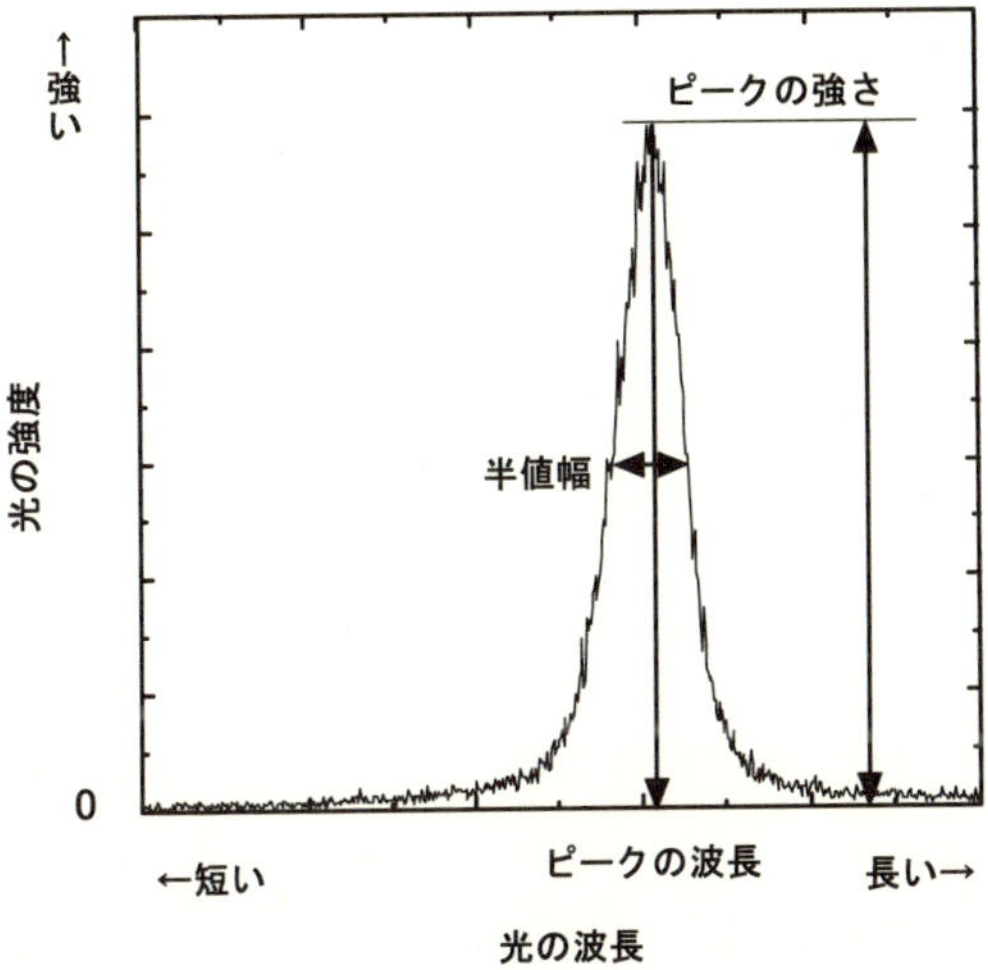

図 2.8　光のスペクトル

　発光のスペクトルの一例を図2・8に示します。光のスペクトルは最も強い光のピークのエネルギーを中心にある幅（ピークの半分の強さにおける幅を半値幅といいます）をもった形をしています。光のスペクトルの強さや形は表2・1に示すよう

**表 2.1　光のスペクトルからわかること**

| 測定すること | わかること |
|---|---|
| 発光エネルギー | エネルギーバンド構造、ナノ構造の寸法など |
| 半値幅 | ナノ構造の寸法に均一性、再結合発光までの時間など |
| 発光強度 | 占有面積の比率、材料の品質など |
| 場所による変化 | 寸法の分布、品質の分布など |

に、物質や構造の性質を反映しているので、発光スペクトルを調べることによって、ナノ構造のいろいろな特性を調べることができるのです。たとえば、ピークエネルギーからはバンドギャップやエネルギー準位などのエネルギーバンド構造やナノ構造の寸法などが決定できます。また、ピークの半値幅からはナノ構造の界面の均一性や、電子や正孔の寿命などに関する情報が得られます。これを二次元空間的に調べると、これらの性質がどのように空間的に分布しているかがわかります。

もしこのとき、電子や正孔がそれぞれ自分の寸法よりも小さなナノ構造に閉じ込められていると、あたかもボールを狭い空間に押し込めるのにエネルギーが必要なように、広い空間にいるときよりも大きなエネルギーをもちます。閉じ込められた電子のエネルギーはナノ構造の寸法に非常に敏感で、寸法が原子一個分変化するだけで、電子のエネルギーは大きく変化します。閉じ込められた正孔も同様に変化します。エキシトンは電子と正孔のエネルギーを加えたエネルギーをもっているので、閉じ込められたエキシトンのエネルギーも電子と正孔の閉じ込め効果を反映して大きく変化します。したがって、エキシトンからの光を調べることによってエキシトンが閉じ込められているナノ構造の様子がわかるのです。

一例としてナノ構造としてガリウム・アルミニウム・ヒ素という化合物でできた量子井戸で、井戸の厚みと閉じ込められたエキシトンのエネルギーの関係を図２・９に示します。閉じ込められたエキシトンのエネルギーは量子井戸の寸法に非常に敏感で、量子井戸の厚みがたった一原子層分（約〇・二ナノメートル）だけ変化してもエキシトンの発光波長は七ナノメートル程度と大きく変化す

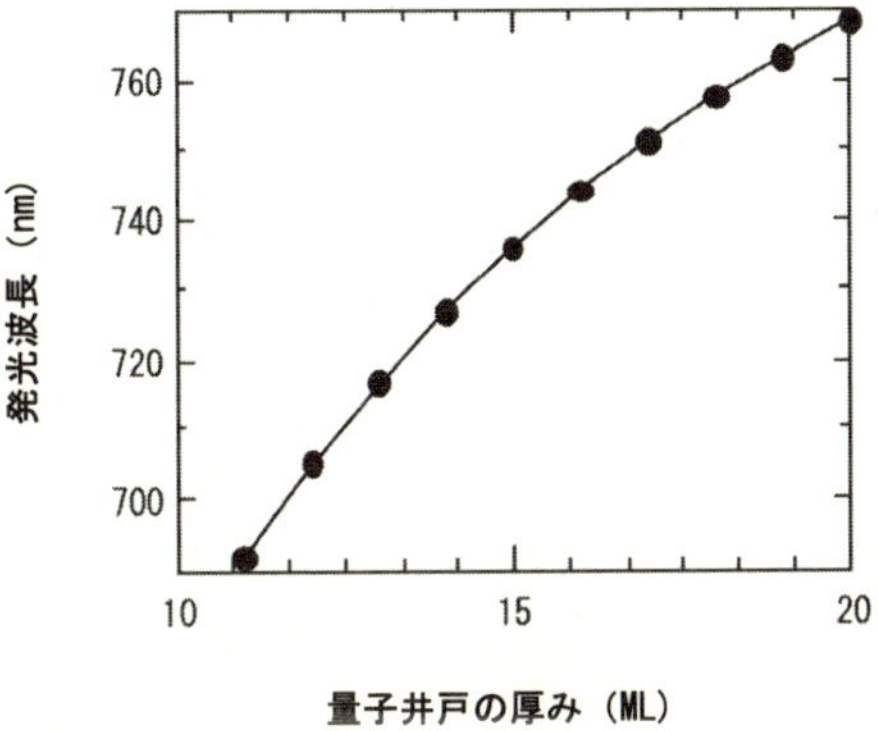


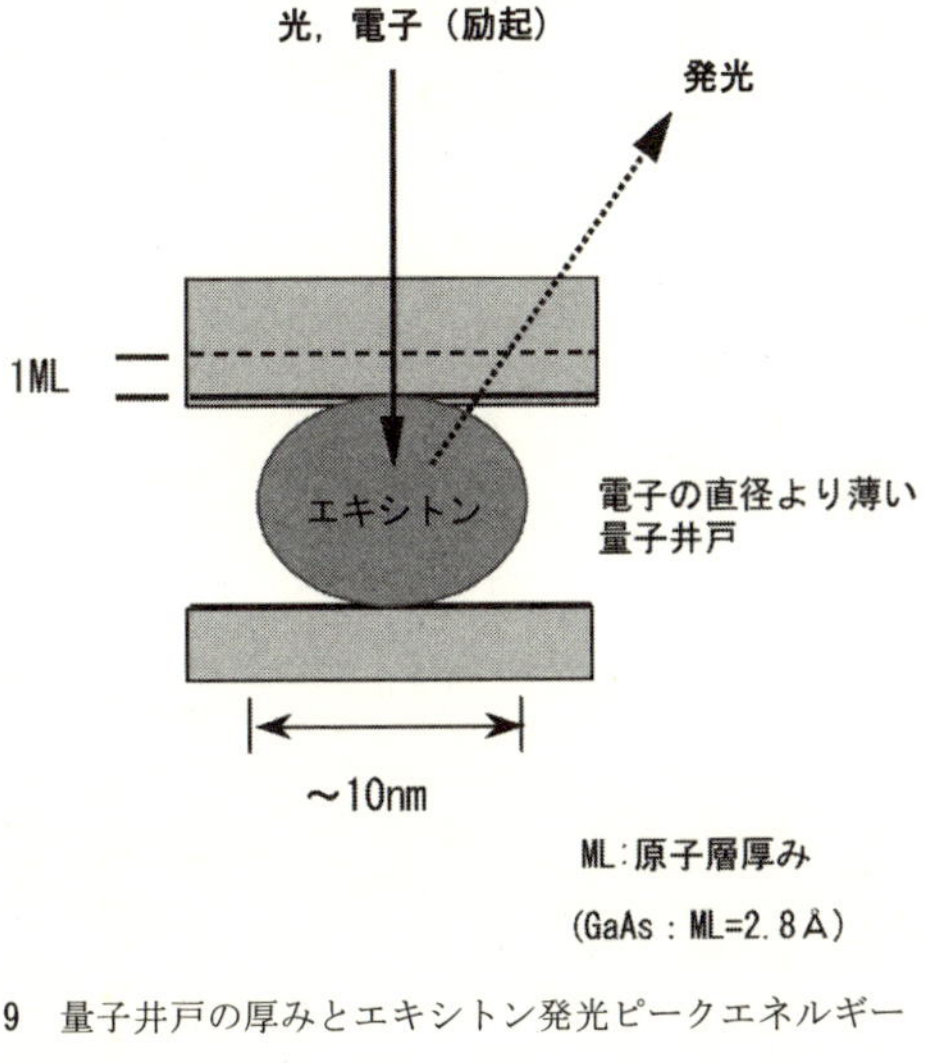


図 2.9　量子井戸の厚みとエキシトン発光ピークエネルギー

ることがわかります。この発光波長の違いはいまの光測定技術ではっきり区別して測定できます。なお、一原子層分厚みが変化したときの発光波長の変化量は量子井戸の材料で異なります。

このように光を使えば、直接触れることのできないはるか彼方の太陽の様子が調べられるように、ナノメートルの領域でさえ原子一個分の精度で、そこからやってくる光を調べることで詳しく調べることができるのです。

# 第二節　ナノ領域を光らせる

### 方法は？

では、どうすればエキシトンをナノ構造の中に作ることができるのでしょうか。エキシトンを作るには、電子と正孔が分離する程度のバンドギャップよりも高いエネルギーをもった光や電子を物質に入れます。これを励起といいます。物質が励起されると、物質の中の電子がエネルギーをもらって伝導電子とあとに残った正孔に分離します。その後にエネルギーを少し失ったあと、一時的に電子と正孔が再び結びついてエキシトンを作るのです。

ただし、実際にルミネッセンスで測定するには大きな問題がありました。それは、励起する面積を小さくすることが難しいことでした。励起する面積が広いと、この中にある多くのナノ構造からくる光をまとめて測定することになります。図2・10は、複数のナノ構造からの光をまとめて測定した場合と、ひとつのナノ構造からの光を測定した場合の測定結果の違いを示します。まとめて測定すると、多数のナノ構造から出てくる光が重なり合って個々のナノ構造の特性が覆い隠されてしまい、個々のナノ構造の正確な評価が難しくなってしまうのです。このように、ナノ構造の特性評

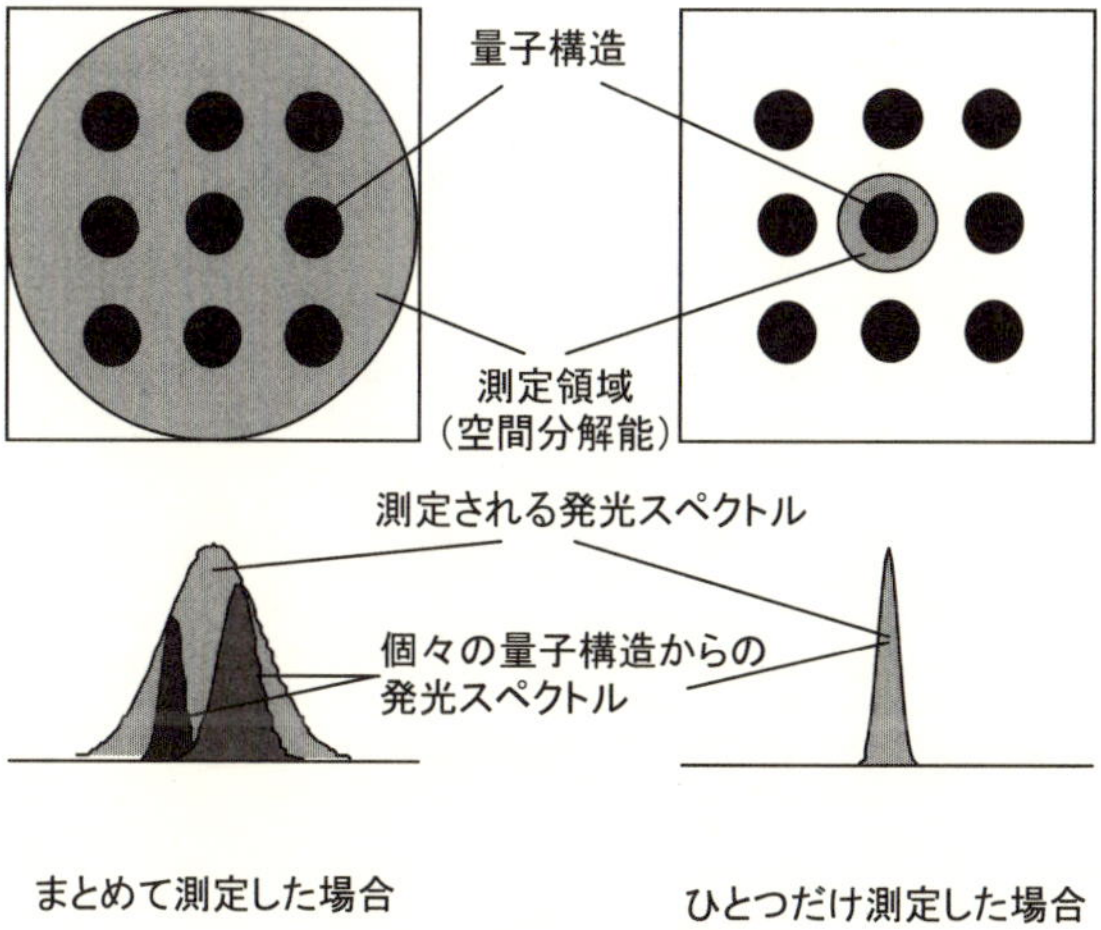


図 2.10　スペクトルの統計ゆらぎ

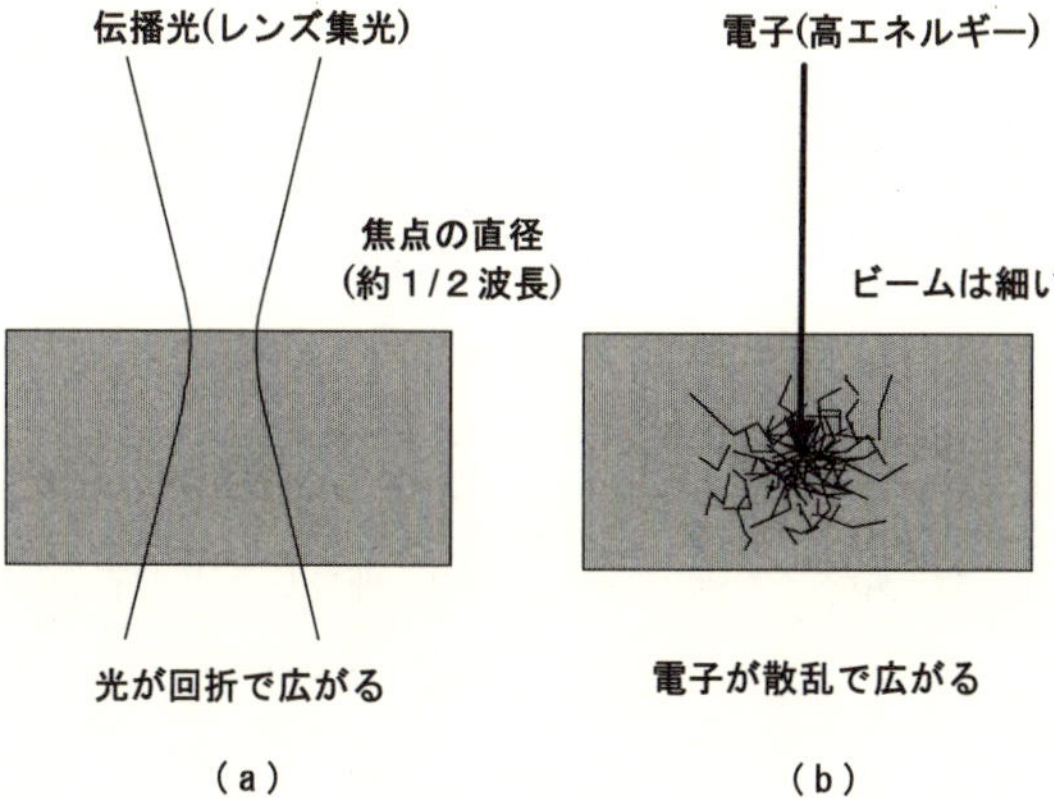


図 2.11　励起方法（PL、CL）

価をはっきり調べるには、個々のナノ構造の特性を個別に測定することが重要になるのです。

励起する方法には、図2・11に示すように、主にレーザ光を照射する方法と、電子を打ち込む方法の二つが使われています。図(a)のように、レーザ光を照射する方法はフォトルミネッセンス（PL：photoluminescence）と呼ばれます。しかし、遠方の光源から出射された伝播光をレンズなどで収束させると、光を波長の半分程度より小さい領域に集めることができないという物理限界（回折限界）があります。通常よく用いられている赤色から青色の可視光では、回折限界は約〇・二〜〇・三マイクロメートルなので、レンズや反射鏡を使ってこれより小さな領域に光を集めることはできません。

他の励起方法として、図(b)のように、高エネルギーの電子を注入する方法があります。この電子によるルミネッセンスを、カソードルミネッセンス（CL：cathodoluminescence）と呼びます。電子は波長がナノメートルからオングストローム程度と非常に小さいので、電子顕微鏡としてよく知られているように、物質の微小領域の形を調べることができます。原子一個一個がはっきり見える分解能を得ることも可能です。そこで、電子顕微鏡の電子が試料を励起して出てくるルミネッセンスを調べるのです。確かに電子ビームは試料表面付近ではシングルナノメートルレベルからオングストロームレベルと細いのですが、エネルギーが高いと、電子が物質内で広く飛び散ったりして、ルミネッセンスが出る領域が広がるため、結果的にＣＬでは電子顕微鏡のように小さな領域を見ることが難しいのです。

これらの方法を使っても、ナノ構造を互いにすごく離れた距離において励起する面積の中に一個あるいは数個程度だけしか存在しないようにすれば、ひとつひとつのナノ構造の特性を測ることはできます。この程度の少ない数になれば個々のナノ構造を多少区別することができるでしょう。しかし、使える試料が限られてしまいます。そこで、小さな領域に数多くのナノ構造が密集している状態でも、その中のひとつひとつのナノ構造を別々に調べることができる方法が求められましたが、従来の方法の延長では解決困難なため、まったく新しい発想のルミネッセンス顕微鏡の創出が必要となっていました。

## トンネル電子で光らせる

個々のナノ構造を個別に測るポイントは、一個一個のナノ構造ごとに独立して励起することです。また、一個のナノ構造からの光の強度は非常に弱いので、高い効率で光を検出する手段が必要となります。ＰＬもＣＬもナノメートルの寸法に比べて桁違いに遠くから伝播してきた光や電子を使って励起するものでした。ナノメートルの世界では、ナノメートルの世界に特有な量子効果を利用することが有利です。

量子効果のひとつに、物質表面の原子から電子がわずかな距離をしみ出す特性があります。一九八二年にビニッヒとルーラーらによって、電子のトンネル効果を利用して原子まで見ることができる走査型トンネル顕微鏡（STM：Scanning Tunneling Microscope）が発明されました。これは図

2・12のように、探針（プローブ）から試料へしみ出したトンネル電流で物質の表面を測るもので、一個一個の原子をはっきり識別できるほど非常に高い空間分解能をもつ顕微鏡です。STMを使ってそれまで謎になっていたシリコン表面の原子の並び方が実像として直接測定できたことから、オングストロームレベルの空間分解能をもつ材料表面の新しい評価方法としてノーベル賞をもらいました。トンネル効果により原子サイズよりもさらに高い精度で測定できることは理論的にすでに知られていましたが、目に見えるほど大きな装置によって、原子サイズよりも小さな変化を検出できるということは驚くべきことです。これは、たとえば東京タワーをさかさまにして動かし、タワーの先端で一ミリメートル以下の砂粒の形を調べることに匹敵します。

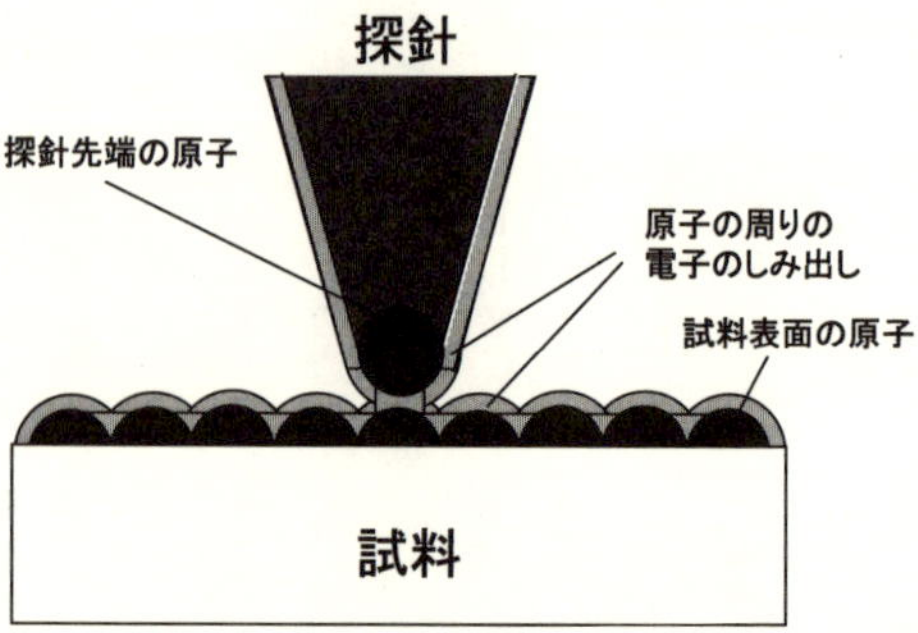


図 2.12　STM（電子のしみ出し）の様子

ＳＴＭはトンネル電流が試料と探針の距離に敏感である性質を利用して物質表面の電子状態を調べる装置として研究されましたが、その後、試料に注入されたトンネル電子によって光が発生することがわかりました。このルミネッセンスをトンネル電子ルミネッセンス（TL：tunneling electron luminescence）と呼びます。トンネル電子はナノ領域の励起手段として、伝播光や高エネルギー電子にはない優れた特徴を備えています。また、ナノ領域測定だけでなく、物質のいろいろな性質を多面的に測定できる利点もあるのです。たとえば、

① ビーム径がナノメートルレベルと細く、また通常使用する低いエネルギーでは散乱する範囲も数十ナノメートル以下と短いため、三次元的にナノメートルサイズの微小な生成領域を形成できる。

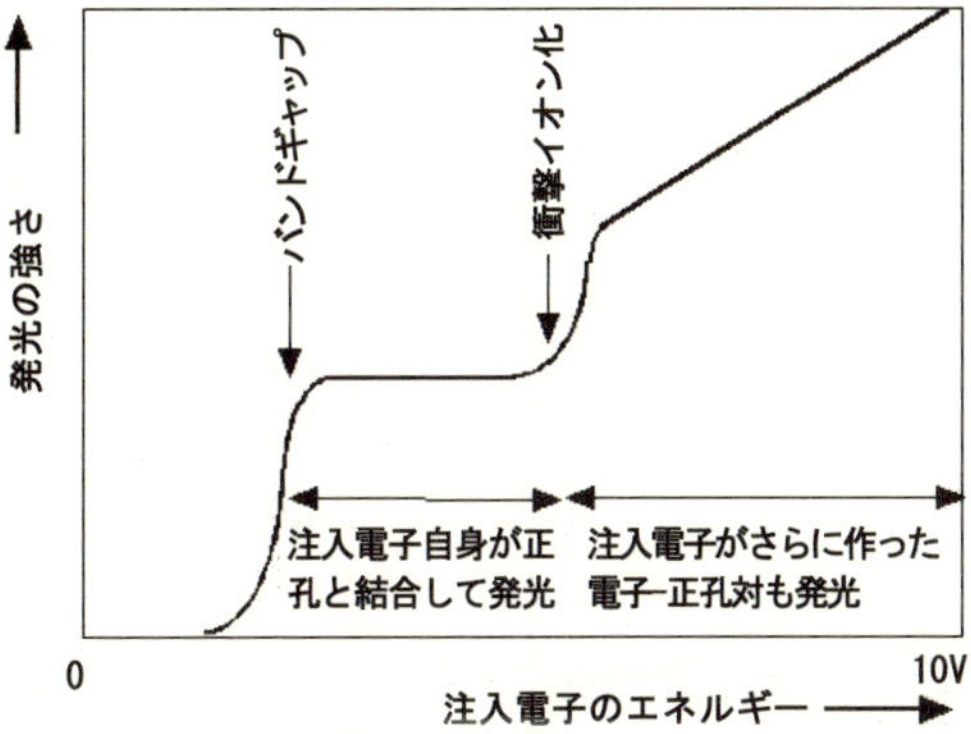


図 2.13　アイソスペクトル

② ナノメートル領域に大きなパワーを低損失で注入できる。

③ 大抵の物質のエネルギー準位が含まれる〇～数電子ボルトの広範囲にわたり連続的かつ容易に励起エネルギーを変化させることができる。この例として、半導体に打ち込むトンネル電子のエネルギーを変えていったときの発光強度の変化を図2・13に示します。エネルギーの大きさに比例して光が強くなるわけではなく、階段状に変化するのです。これは半導体の複数の特性を表しています。最初に急に増えるところは半導体のバンドギャップに対応しています。二つ目に急に大きくなるところは、高いエネルギーの入った電子が

物質の中で新たに電子・正孔対を作り、それも光を出すので光が強くなるのです。さらに、トンネル電子のエネルギーが増加するとこの電子・正孔対ができて光を出すことがますます増えていき、注入した電子のエネルギーに発光量がほぼ比例するようになるのです。ほかの方法では、このように広いエネルギー範囲で物質の性質を連続して測るのは難しいのです。

④　探針・試料間に加える電圧を逆転させて電子の打ち込みと引き抜きがどちらもできる。試料に対して探針の電圧をマイナスにすると、探針から試料へ電子が打ち込まれますが、逆に探針の電圧をプラスにすると試料から電子を引き抜くことができるという特徴があります。半導体では全体としてプラスになっているp型とマイナスになっているn型がありますが、この型と電子の打ち込み方向の組み合わせを変えることにより、半導体の性質を多面的に調べることができるのです。これもほかの方法にはないTLの利点です。

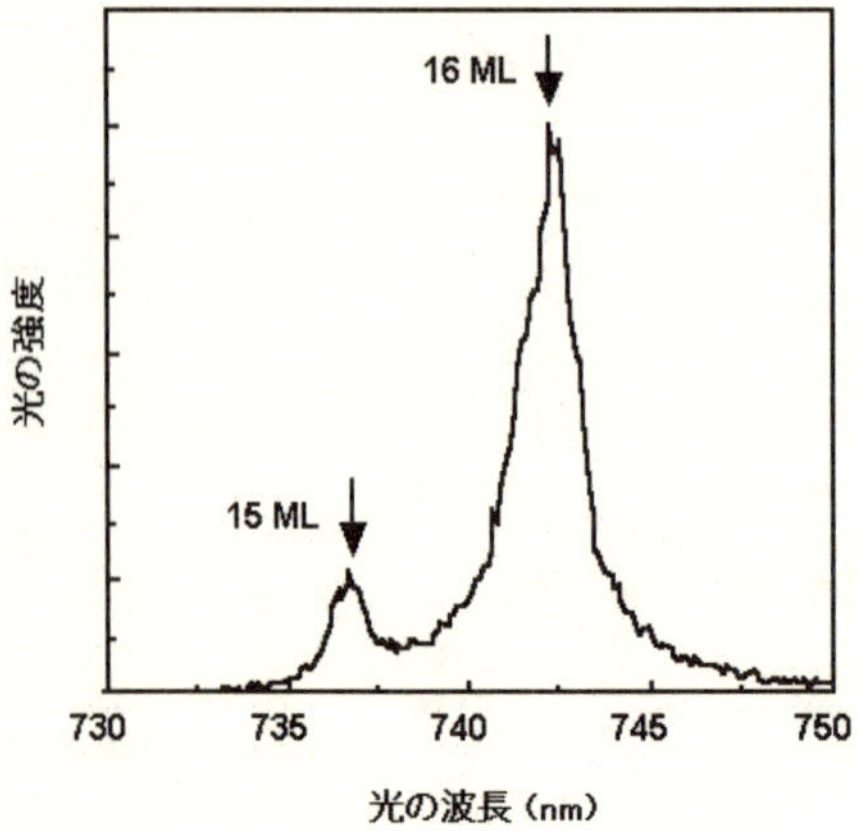

図 2.14　量子井戸からの発光スペクトル

電子閉じ込め効果を測定するために、MBE装置によりガリウム・ヒ素とアルミニウム・ヒ素を重ねて作った一五原子層厚みの量子井戸に電子を打ち込んだときの発光を測定した結果を図2・14に示します。発光スペクトルにはそれぞれ一五原子層と一六原子層の厚みに対応する二つの発光ピークが観察されています。一原子層の厚みのばらつきはMBEで積層したときの空間的なばらつきで生じるものです。この測定結果は、量子構造のサイズを一原子層の精度で測定できることを示しています。

ナノ領域からの光は非常に微弱なので、実際に精度よく測定するためには効率よく光を集めなければなりません。普通はSTM用の金属探針と光を集める凹面鏡やレンズを組み合わせた方法が考えられますが、レンズなどを試料から数ミリメートル程度より近づけることが難しく、これはマイクロメートル以下のサイズの発光源に比べたらずいぶん遠くです。レンズのサイズもミリメートル程度なので、レンズに向かう光の割合が小さく、十分な光量を集めるには必ずしも十分ではありません。これは特にプローブを動かして画像を撮るときに必要になります。

## 電子を打ち込み光をとらえる針

そこで、私たちはナノメートルサイズの微小領域へ電流を注入できるTLのよさを活かしつつ、さらに高い効率で光をとらえることができる方法がないかを考えました。その結果、考案したのが、電流の打ち込みと光の集光を同時に行うことができる新しい導電集光探針です(2、3)。この探針は図2・15に示すように、電子の打ち込みとルミネッセンスの集光を同時に行うことができます。ナノメートルサイズの小さな領域における電子の近接効果(トンネル電子)と光の近接効果(近接場

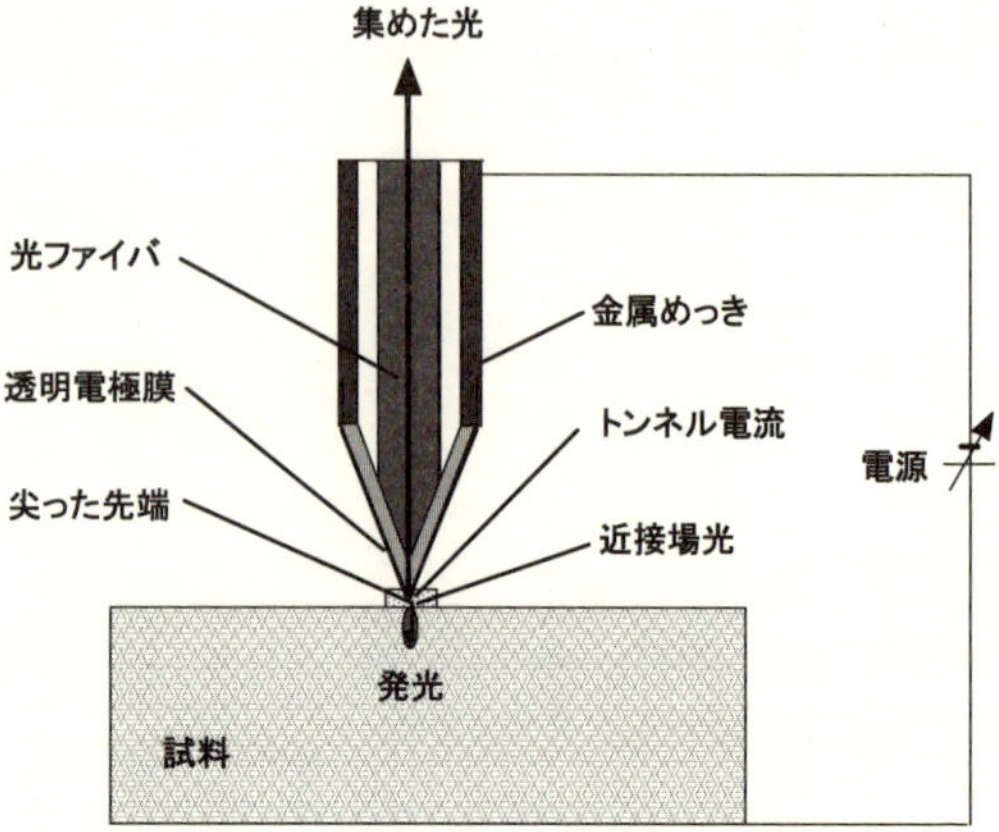


図 2.15　探針集光

光）を利用するのです。この方法を探針集光と呼んでいます。

ルミネッセンスは半導体表面から上の方向、すなわち探針の方向へ強く出ますが、通常の金属探針を使った方法では金属探針があるのでこの方向から光を集めることができません。しかし、導電集光探針を使えば、発光が最も強く放射される発光源直上の試料表面から数ナノメートル以内の極めて近い距離で集光するので、近接場光を検出することができ、全体として高い集光効率を実現することができるのです。レンズと異なり発光領域が小さくなるほど集光効果が高まる利点があります。

また、この探針は空間分解能についても利点があります。通常エキシトンができてから再結合するまでに広範囲に広がってしまいます。広がったあとに再結合して発光するので、発光する範囲はこのキャリアが移動する範囲まで広がってしまいます。拡散して発光領域が探針先端のサイズよりも大きく拡大する場合は、レンズや凹面鏡を使うと発光領域の全体から光を集めてしまうので、たとえ最初に励起した領域のサイズが小さくても、最終的な空間分解能はほかの方法と同じように発光領域のサイズ、すなわち生成領域サイズとキャリア拡散長との和と同程度に制限されてしまうのです。しかし、電子を打ち込む場所と同じところで非常に細い探針の先端で光を集めれば、発光領域のうち探針先端直下のナノメートルサイズに限定した局所領域で強く集光できるのです。特に、近接場では回折現象がないので、探針を通り抜ける光は探針のほぼ真下からきた光のみです。このため、発光領域が広がっても、探針の真下の領域から効果的に光を集めることが期待されます。

## 常識にとらわれるな

ところで、このアイデアを考案した頃、実現性を確認するために光伝播の専門家のところに意見を聞きにいったことがありました。そのとき彼は、「波長より小さいところの情報は光では取り出せない。そんなことは教科書にも書いてある。勉強し直してこい」と自信をもって否定しました。しかし、私は自分にはうまくいくという確信があったので進めることにしました。まったく新しいことを始めるときには、このように周りに理解者がいないことが多いのです。専門家やその道の経験者を自負する多くの人たちは、「非常識」と思われるような新規なことに対しては肯定的な意見よりもむしろ否定的意見をたくさん用意してくることがあります。ひとつのことに成功した人が別のことにも正しい解が出せるとは限りません。だから、成功者に意見を聞くことはよいのですが、その意見を鵜呑みにしないほうがよいようです。ただし、他の人が否定的な意見をいっても、それを頭から否定しないで、まず率直に聞くことは重要です。その中に重要なヒントが示されていることもありますから。そして、何を根拠にして否定しているのかを吟味することが重要です。それを自分で再検討し正しければ受け入れ、間違っていれば捨てればよいのです。

私たちは「常識」というものをもっと正確に考える必要があります。「常識」とは、考えの筋道の途中を省いて使うことができる結果をいいます。本当はある条件の下でだけ成り立つのですが、使うときにはその条件を大抵忘れてしまい、無条件で成り立つと思っている場合が多いのです。そこに間違いが生まれ、また発見・発明の余地も生まれます。その「常識」ができたときには、それが成り立つ条件を考える必要がなかったのに、技術の発達などにつれ、知らず知らずのうちに、その条件を超える事態になっていることがあるからです。そのため、新しいことを始めるときは、そのことについて一番深く関わった自分自身の素直な判断が正しいことが多いのです。もし、それらの人たちが肯定的な意見をもっていたら、すでに発見・発明されているはずですよね。そして、こちらはそれに答える証拠はまだもっていない。このような状況からスタートしなくてはならない。そこには強い精神力、信念、が必要です。そして、このアイデアが成功するか否かは自分自身の判断にゆだねられているのです。また、広く情報発信することが重要です。必ずしも評価できる人が自分の周囲にいるとは限らず、意外に自分から遠いところに自分の技術の価値を評価できる人がいることもあるからです。研究者が論文を出す意味のひとつがここにもあります。

## 第三節　針を作る

### 問題山積

さて、実際に探針作りを始めてみると、越えなくてはならないハードルがいくつも出てきました。まず問題になったのは、先端をナノメートルサイズまで鋭くし、さらに電流まで流せる光ファイバ探針をどのように作るかでした。はじめは広告に載っていた外国の企業に作製を依頼しました。ここでは、光ファイバを加熱し、軟らかくなったところで引っ張って細くするというのです。自信たっぷりに引き受けたので結果を期待していたのですが、できたものはモヤシのように細長くてフニャフニャしたもので使い物になりませんでした。問い合わせてみると、この会社でいままで作っていたのは直径が何十マイクロメートルや何百マイクロメートルもあるサイズのものだったとのことでした。私たちが要求しているのはこれよりも一〇〇〇分の一以上小さなサイズなので、これではとても私たちの要求を満足できないと思いました。

その頃、光ファイバの先端を鋭く加工する別の方法として、コアにゲルマニウムが入っていることを利用して、エッチング液中で化学エッチングして光ファイバの先端を尖らせる方法がありました。そこでその方法を試してみましたが、細くなりません。なぜだろうと考えました。その原因は光ファイバの構造にあることがわかりました。化学エッチングを利用した方法では、コアの外回りにあるクラッドがマスクの役割をする必要がありました。そのためクラッドの厚みに比べコアの直径が非常に小さいシングルモードファイバには適用できますが、クラッドの厚みよりもコア径が大きいようなマルチモードファイバには適用できないことがわかったのです。私たちは広い波長範囲で光スペクトルを取るためにマルチモードファイバを使っていたのです。

このように、当時知られていた加熱して引っ張る方法も、エッチングで溶かす方法も、単独では私たちの要求を満たすことができないことがわかってきました。私たちが必要としている方法が世の中にないことがわかったので、まったく新しい独自の方法を考え出さなくてはなりませんでした。

## 解決方法

試行錯誤ののち、加熱して引っ張る方法を工夫して、さらに化学エッチングと組み合わせる方法で実現しました。そして、さらに高い精度で再現性のよい加工を行うために独自のプログラムを載せた専用の加工装置を開発しました。

導電集光探針にはトンネル電流注入と集光の両方の機能を兼備するために、良好な電気特性と高い集光特性の両立が求められます。光ファイバには電気を流す性質がないので、探針の先端まで電流を流すために、光ファイバ表面に透明導電膜をつけることにしました。透明導電膜とは名前のとおり、透明でありながら電気を通すこともできる性質をもつ物質で、酸化インジウムという物質などが有名です。薄型の液晶ディスプレイの電極材料などとして古くから広く使われている材料なので簡単に利用できると思っていましたが、これを探針に使用するときには非常に問題でした。この材料はナノメートルレベルで見ると表面がでこぼこになっているのです。しかし、これまでナノメートルサイズの性質が問題になるような用途がなかったため問題になっていませんでした。長い間使われていてほとんどわかっていると思っていた材料でも、実は知られていない側面が多くあるこ

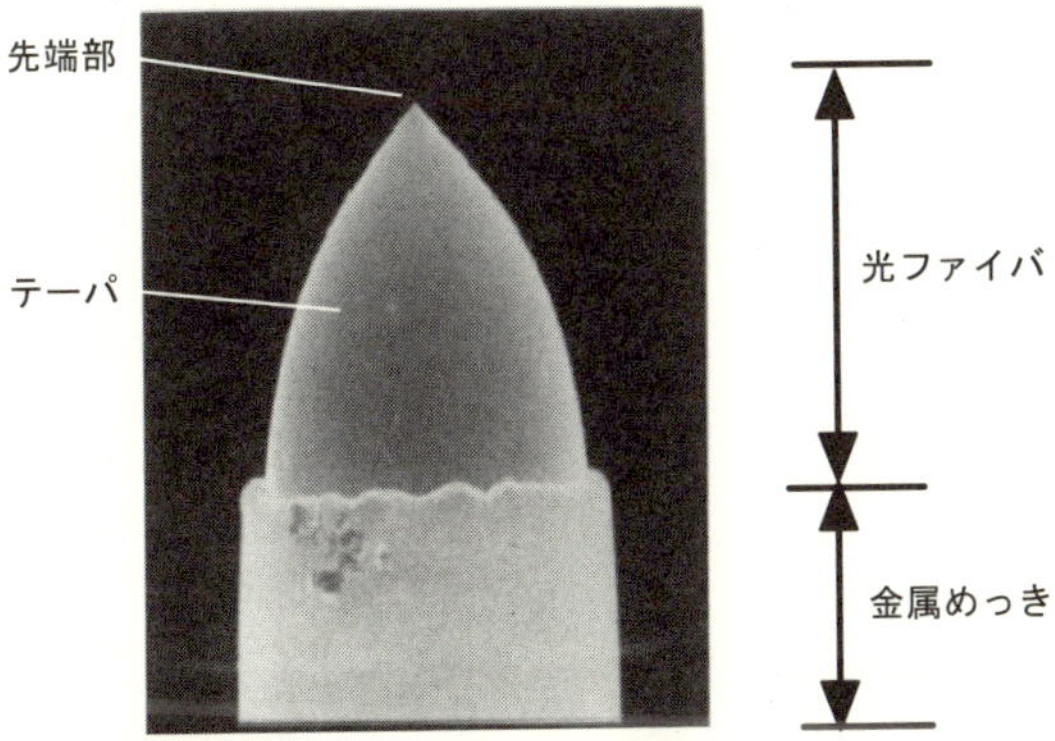


図 2.16　導電集光探針の写真

図 2.17　グラファイト原子の像

とを実感しました。これは構造や作成方法を変えることで解決しました。

**やればできる**

また、この探針には外部との電気的導通を確実に与えるための厚い金属めっきが施してあります。先端をナノメートルサイズまで尖らしたあと、厚い金属めっきを施す技術を開発するにも多くの工夫をしました。さらに、極低温・超高真空中で使用するための実用上の配慮として、探針を真空容器中で交換でき、調整も不要であることも考慮しました。こうして、電流注入と集光が同時にできる導電集光探針ができあがりました。この導電集光探針の写真を図2・16に示します。探針はSTM用探針としても十分な特性をもち、図2・17のように、グラファイトの原子の一個一個をはっきり見ることができます。

## 第四節　計測装置を作る

**装置にも工夫**

このように、導電集光探針ができたので、次にこの探針の性能を最大限引き出すために工夫したシステムを作ることにしました(2、4)。システムはいろいろな構成要素からできているので、作るには幅広い分野の知識や技術が必要になります。たとえば、半導体は表面の汚染や酸化によって特性が大きく変わるので、半導体の正確な特性評価を行うためには、清浄な表面が必要です。そこで、長時間、安定で正確にルミネッセンス測定するためには、一〜一〇兆分の一気圧程度の非常に高い真空が必要となります。それにはシンクロトロン放射光装置で行ってきた真空技術の経験が役立ちました。シンクロトロン放射光装置はドーナツ型のパイプの中に電子を閉じ込めて走らせる装置です。もし、パイプの中にガスがあるとそれに電子が衝突してはじき飛ばされ、電子がすぐになくなってしまいます。電子をパイプの中に長い時間閉じ込めておくには一〇〇兆分の一気圧以下という宇宙空間のようなとてつもない高い真空にしなければなりません。この真空ならば光に近い高スピードの電子がガスとほとんどぶつかることなくドーナツ型の真空容器の中を何時間も回り続けることができるのです（距離としては数十億キロメートル！）。

## 経験は無駄にならない

このように、幅広い分野でいろいろな技術を経験していると、新しいことを始めるときにとても役立つことを再確認しました。研究者・技術者は専門家としてひとつの分野を突き詰めて掘り下げていくのも大切ですが、多様な分野を経験するのもまた重要なのです。いろいろな分野を経験していると、その時々は脈略のない無駄な経験のような気がするときもありますが、その積み重ねがあとになって互いに結びつき大きく役立つことが多いのです。経験には無駄はありません。経験を無駄にするか、役立たせるかは、本人の考え方、使い方次第です。自分の力の大きさを他と比較するのではなく、常に自分の力を活用しようとする考えを持ち続ければ自然と自分の力が最もよく活かされるような方向に向かっていくのです。人間にはそのような潜在能力が備わっていると確信しています。

できあがった探針集光型ＴＬ顕微鏡は真空容器の中にＳＴＭ制御装置とファイバ光学系を組み合わせて入れた構成になっています。真空容器内では外からの微妙な光軸調整ができないので、導電集光探針を交換しても光軸調整を不要とする構造にしました。

探針や装置を作るにあたっては、高度の加工技術を必要とし、日本のいろいろなメーカの協力を得ました。日本の企業は中小企業をはじめ世界的に高いレベルの技術をもっています。私は、研究開発を進めるときには、日本の企業がもつ優れた技術をどんどん活用すべきだと考えています。それが、日本が将来にわたって自立し続けるために必要な技術力をさらに高め、蓄えることにつながると考えるからです。

**細部が重要**

この装置を作り実際に測定を開始しましたが、実験は簡単ではありませんでした。最初は何度実験しても信号が出ませんでした。そのときは本当に困りました。誰に聞いてもわかりません。確認の方法自体もはっきりわからなかったのです。何しろ誰もやったことがないのですから。探針の構造や光の検出方法が従来のものとまったく違うので、原因を見つけ出すのが大変だったのです。自分の考えには自信があったものの、長い間まったく信号が出てこないとやはり本当にできるのか心配になります。誰もいままでやったことがなく、否定的な意見の人もいましたから自分で解決しなければなりません。

このとき支えになったのが学生時代の経験です。大学では光の波長を連続的に変えられる連続発振型の有機色素レーザを作る研究をしていました。有機色素レーザは外部から別のレーザ光を有機色素にあて、それによって有機色素から発生する光でレーザ光を発生させるものです。しかし、このレーザは外部からの励起用レーザ光のパワーを大きくできないため、有機色素レーザ装置内の光損失をいかに小さくするかということが勝負でした。そのため、なかなかレーザが発振せず、ようやく発振したのは卒業のほんの一ヶ月ほど前のことでした。最初の発振は瞬間的でしたがとても美しい光景で印象深く覚えています。このとき、途中であきらめなくてよかった、とつくづく思いました。美しいという感動は人を心から引きつける力をもっています。また、このとき得た教訓は、成功の鍵は細部にある、ということです。その後、「神は細部に宿る」という言葉を知りました。どのように大きなものでも、細部のほんのわずかな差がその性能を決定づけるのです。これがノウハウです。一見では見分けがつかないコピー品が容易に本物に近づけないのはまさにこの細部のわずかな差が決定的な差を生じるからです。そして、このわずかな差を極めることができるか否かが成功の鍵を握るのです。

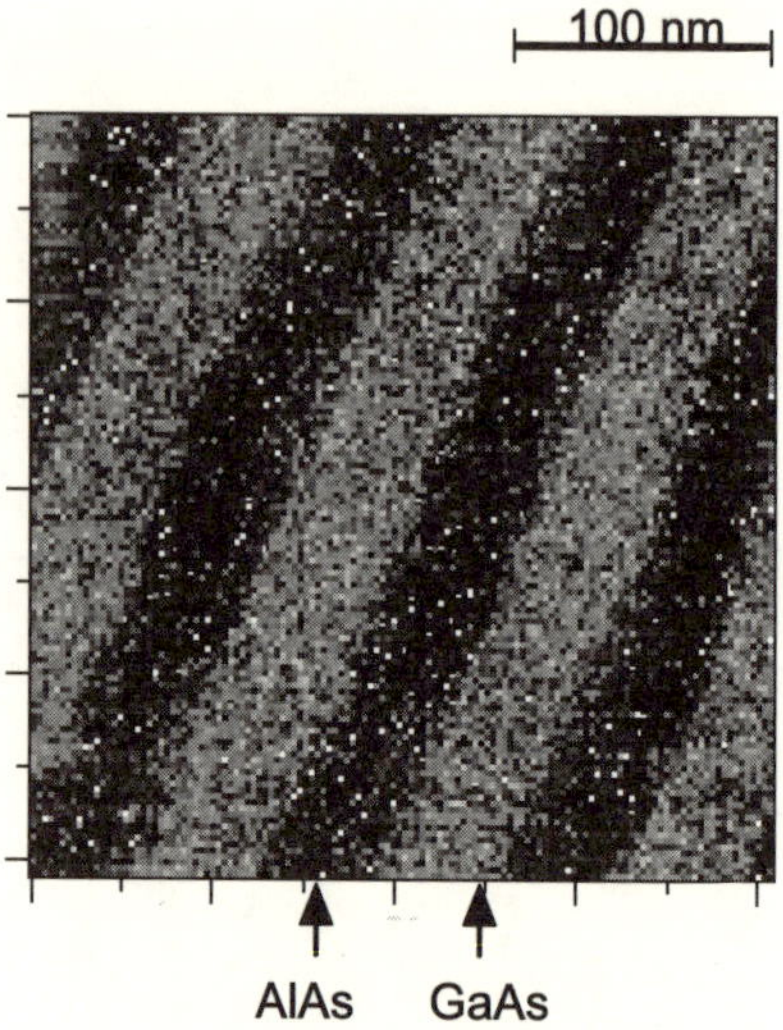

図 2.18　発光像

**本当に見えた！**

今回の場合も動作条件を最適化することによって、ついに発光の検出に成功しました。最初の実験から半年が経っていました。いったん、動作し始めるとあとは安定に動作するようになりました。最初に動作するまでに、さまざまな問題を解決していく間に、いろいろな箇所の調整が進んでいたからです。そして、厚みがおのおの五〇ナノメートルのガリウム・ヒ素とアルミニウム・ヒ素の層が交互に配列した多重量子井戸の断面で実際に発光像を測定したところ、図２・18に示すように、一〇ナノメートル以下の空間分解能で発光像としてそれぞれ帯状に明るい領域と暗い領域として明瞭なコントラストで観察することに成功したのです。これで、ＴＬを使えばナノメートルサイズの領域に密集しても個々のナノ構造の性質を調べられることが実証されました。

これからさらに技術が進み、近い将来にナノメートルの世界を自由に光や電子で見たり、操ったりすることができるようになることでしょう。

## 第五節　挑戦する人たちへ

### 未知なるものはたくさんある

ここでは、ナノメートル領域における電子と光子の関係、主に人工的に作製した半導体ナノ構造の場合について、そして、ナノメートル領域の特性を明らかにしていく方法としてトンネル電子ルミネッセンスがあり、それを使う手段として導電集光探針を考案し、それを実現するために私が行ってきたことについてお話してきました。これらの物質や構造のひとつひとつの性質を調べることによって新しい発見が期待されるのです。自然界には、半導体以外にもナノ構造として有機色素や生物を構成するＤＮＡなどのバイオ分子、炭素がボールの形につながったフラーレンやチューブの形になったカーボン・ナノチューブなど、おもしろい構造や特性をもつものが豊富にあり、この技術を広く用いることができます。さらに、特性を調べる方法としてだけでなく、ナノ光デバイスや超高密度メモリなどの新しい光デバイスや、原子操作や加工など幅広いナノテクノロジーへの応用が考えられます。ナノメートル領域では電子と光がどのように関わりあっているのかまだわかっていないことが数多く残っており、その性質を利用して新しい技術の可能性が開けることが期待できます。読者の方々がぜひチャレンジして、新しい発見・発明をしてもらいたいと思っています。

ところで、最近のように科学技術の進歩が早いと、もうほとんどのことが発見・発明されてしまっているのではないかと思う人がいるかもしれませんが。そんな心配はいりません。私が、この探針について発表したときこのようなことをいった人がいました。「STMの針のそばに光を集める部品を近づけることはいろいろ考えたが、探針自体に集光機能をもたせることには気がつかなかった」。わかってしまえば簡単なことでも初めて見つけ出すことは非常に難しいのです。そして、このようなことはまだまだたくさんあります。次々と新しいことが発見・発明されてしまうと、もう新しいことがないのではないかと思う人もいるかもしれませんが、そんな心配はいりません。私たちの身の回りにはまだまだ多くの未知なるものがあるのです。十九世紀末には、もう物理学に新しいものはないといわれていました。それはほんの小さなきっかけで見つかるものですが、それには非常に大きな準備が必要です。よくいわれる言葉に、「チャンスはよく準備された心に入ってくる」があります。それは特段難しいことではなく、興味をもって自分が納得できるまで追及するところから生まれるのです。

## 自分のアイデアが大切

工学の主な目的は、自然界の原理や法則を使って人々の役に立つように利用できる手段を作り出すことにあります。ここでは、私が電子と光の近接場効果を利用してナノメートルサイズの小さな場所の性質を詳しく調べる方法を作り出すまでをお話しました。これからは、一人一人が小さくてもよいからそこで一番になれる独自の世界を造ることが重要になる時代だと思っています。そのときには未知の領域に足を踏み入れざるを得ません。むしろ、そのほうが自らを活かせる機会が多いことでしょう。いままでは、高度なアイデアをもっていても、その実現手段をもたないために、それを十分表現できなかった人も多かったと思います。しかし、これからはいまいったように、アイデアを表現し、あるいは実現する手段が豊富になり容易に手に入れられるようになることでしょう。そのときに、一番重要になるのはアイデアをもっているかどうかです。そのためにはたくさん挑戦し、たくさん失敗し、そして成功する。この実体験を積み重ねていくことによって、次第に失敗が少なくなり効率的に研究が進むようになるのです。実際に起こることは千差万別でしょうが、そのときにいかに自分の方向性を見失わず、成果を手に入れるかが重要になります。いろいろな人の実際の成功談や失敗談が参考になります。私の経験はわずかなものですが、もしこれが読者のみなさんが新しいことに挑戦するときの参考に少しでもなれば幸いです。

## 参考文献


(1) C.Weisbush and B.Vinter, Quantum semiconductor structures, Academic Press,Tokyo（1991）
(2) M.Ohtsu ed., Optical and electronic process of nano-matters, Kluwer,Dordrecht,p.181（2001）
(3) T.Murashita,J.Vac.Sci.Technol.,B15,32（1997）
(4) T.Murashita,J.Vac.Sci.Technol.,B17,22（1999）

# 第三章　極限加工への挑戦

納谷昌之

# 第一節　近接場光リソグラフィへの道のり

## 微細パターニングの技術

私が子供の頃に住んでいた街には小さな山があって、そこの斜面を掘ると、鏃（やじり）や土器がたくさん出てきました。その場所は神社の敷地内で、ときどき神主さんがやってきては「こらっ、そんなところを掘ってはいかん！」と怒鳴られました。そのときは猛ダッシュで逃げるのですが、少し時間がたってからこっそりもどって、またほじくり返す、ということを繰り返したものです。そこで出土していた土器は縄文式で、表面には数ミリメートル程度の縄模様が刻まれていました。出てくる土器のかけらはみなほぼ同じ模様で、太古の時代に、このように同じ形を大量に作る技術があったなんてすごいなあと、子供心に思ったものです。

さて、時代は一気に跳びます。現代では、さまざまな目的のために、細かなパターンを大量に作る技術が発達しています。もちろん、その精密性、量産性は縄文時代とは比べようもないほど進歩しています。加工技術の中でも、半導体のパターニングなどで重要な役割を担っているのが光を用いる転写技術、光リソグラフィです。光リソグラフィというのは、光照射によって現像液に対する溶解性が変化する材料（レジスト）に光を照射し、パターンを作り、そのパターンを用いて最終的な形状を作り出すという技術です（図３・１）。

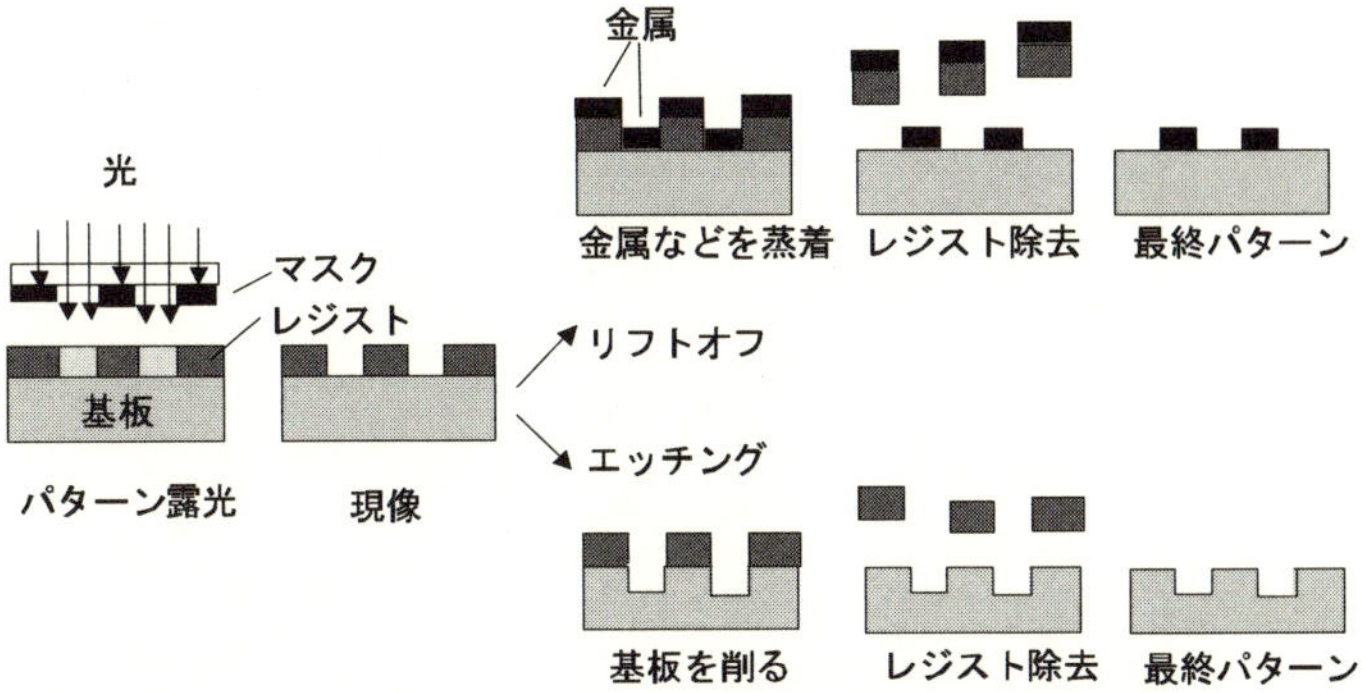


**図 3.1**　光リソグラフィの原理。光リソグラフィとは、光を用いる転写技術。レジストを取り除いた部分にパターンを積み上げるものがリフトオフ、基板を削るものがエッチング。

一九六〇年以前、光リソグラフィは写真乾板に焼きつけたパターンをレンズ光学系で投影露光するというものでした。当時、投影露光技術が未熟だったこともあり、この方法は生産性が低く、お世辞にも量産技術とはいえないものでした。転機となったのは一九六〇年、米国ダビッド・マン社が、写真乾板の原板からガラス製の原版を複製する技術を発表したことです。これにより、マスクを次々と変えながらウエハと密着させて露光する「密着露光技術」があっという間に普及しました。マスクというのは、加工したい形状の原版のことで、ウエハとは、加工される対象となる基板のことです。分解能（最小線幅）は五～一〇マイクロメートルでしたが、当時としては、画期的な量産技術として世の中に大きく貢献しました。その後、マスクとウエハを少しだけ離して露光する「プロキシミティ技術」、投影による縮小露光を、位置を変えて繰り返す「ステッパ技術」へと進化してきました。さらに、光源の

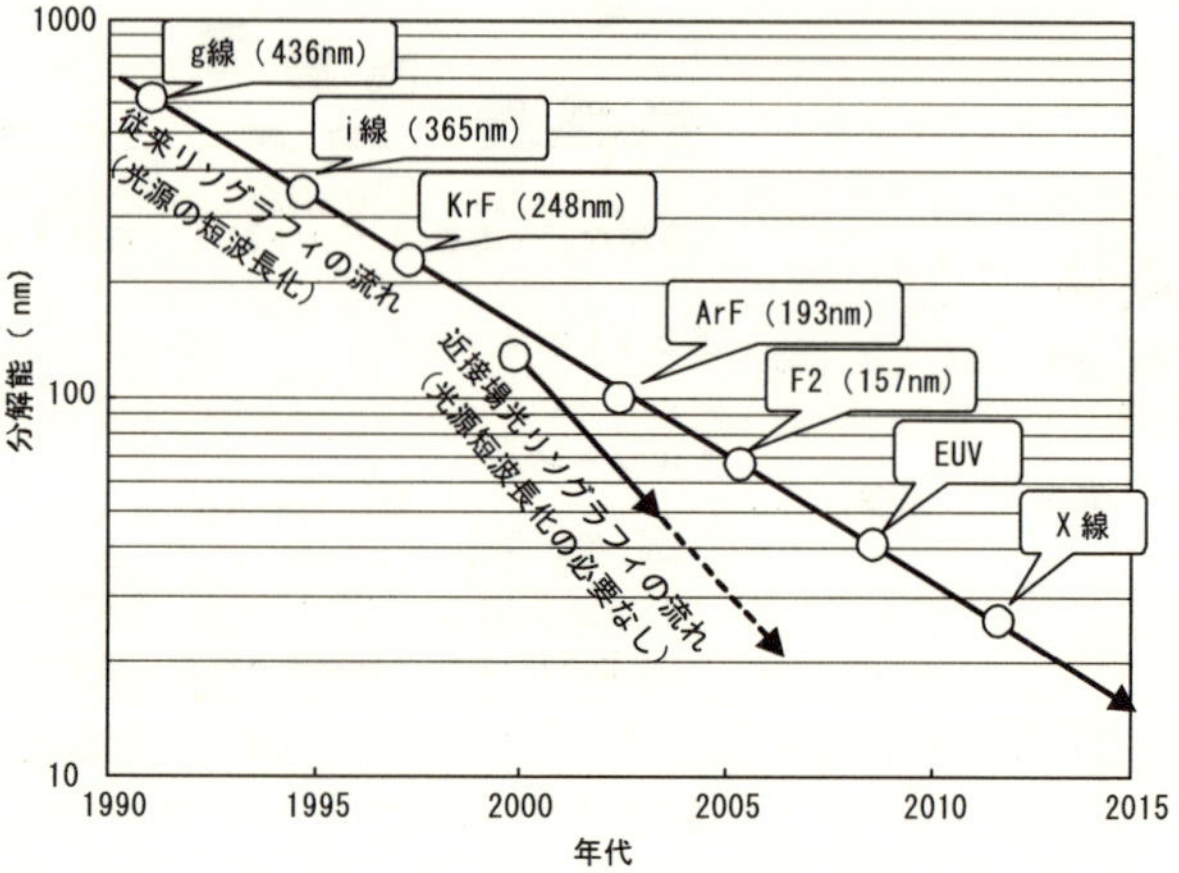


**図3.2**　光リソグラフィのロードマップ。従来の方式を用いる限り、分解能を上げるためには光源の波長を短くする必要がある。近接場光を使う流れでは、光源の交代はない。

短波長化や超解像技術などの開発とあいまって、量産性、分解能は飛躍的に向上してきたのです。

さて、光リソグラフィは光を用いる技術ですので、その分解能は光の回折限界で制限されます。光技術には必ずつきまとう宿命です。回折限界は、光の波長が短くなればそれだけ小さくなるので、光リソグラフィの高分解能化は光源の短波長化の道のりであるといってもよいでしょう。図3・2に、光リソグラフィのロードマップを示します。一九九〇年代初頭は水銀ランプのg線（四三六ナノメートル）が光源として用いられており、光リソグラフィの分解能は〇・五マイクロメートル程度でした。その後、i線（三六五ナノメートル）、さらにはエキシマレーザと光源が短波長化され、現在ではアルゴン・フッ素エキシマレーザ光源（一九三ナノメートル）を用いたステッパにより一〇〇ナノメートルの壁が破られようとしています。たった一〇数年で一桁も分解能が向上したというのは、考えてみれば驚異的なスピードといってもよいでしょう。この流れは今後も続き、フッ素レーザ（一五七ナノメートル）、EUVレーザ、X線と続く光源の短波長化がロードマップとして描かれています。

ただし、この流れに対しては問題点が出てきています。まず、いままでにはない短い波長の光を発生する光源を新たに開発することが必要です。さらに、光源が短波長化されるのに伴い、紫外光を十分に透過するレンズやミラーなどの光学素子や、マスク、レジスト材料の新たな開発が必要となります。特に、光学素子の材料に関しては、短波長の光に対して吸収や複屈折のない材料開発が必要で、このために多大なお金と時間が必要です。それに伴い、装置の値段も高くなり、フッ素レーザステッパでは露光装置の価格が数十億円にもなると予測されています。もともと、性能が高い素子を安価に量産するための技術として発展してきた光リソグラフィですが、いまや、装置コストが無視できないほど高価なシステムになってしまっているのです。

そのような状況の中、いままでの流れとは別の切り口により、比較的低コストで微細加工が可能なリソグラフィ技術として、近接場光リソグラフィやナノインプリントなどの技術が提案されています。ナノインプリントは、モールド（型）を被加工物に押しつけて加工を行うという技術です。光学系を用いない技術なので、モールドさえ高精細なパターンにしておけば、光の回折限界の制限を受けることなく微細なパターンの転写が可能になります。ナノインプリントは、特に樹脂などを低コストで直接微細加工するための技術として大変期待されています。一方、ガラス基板やシリコン基板などを加工するためには、従来の光リソグラフィのように、いったんレジストを加工し、そのパターンを基板に転写する技術が必須です。そのような分野で、新たな高分解能光リソグラフィとして提案されているのが近接場光リソグラフィです。近接場光リソグラフィは、光リソグラフィの技術がいままで培ってきたg線やi線などの安価な光源やレジスト材料をそのまま活用しながら回折限界を上回る高分解能が得られる加工技術です。とはいっても、その実現は一筋縄ではいきません。実際、現在でもいくつかの課題解決のための研究開発が行われています。以後この章では、現在も続けられている近接場光リソグラフィによる極限加工技術への挑戦について述べます。

## 近接場光リソグラフィへの道のり

一九八〇年代の終わり頃、私はあるレポートを読んで非常に驚き、そして興奮しました。それは、この本の監修者、東京工業大学の大津元一先生が書いたレポートで、「フォトンＳＴＭ」（近接場光学顕微鏡）という技術に関するものでした。当時、会社での私の仕事はレーザ光をペン先にした計測や書き込みに関わるものでしたが、いつでも回折限界という問題が高分解能化の行く手に立ちはだかっていました。ところが、「フォトンＳＴＭ」の技術を使えば、波長以下のサイズに光を絞ることが可能だというのです。これはすごいことになったと思いました。そして、自分にとって未知の現象をぜひこの目で確かめたいという気持ちと、この技術は光技術の将来を絶対に変えるから、早いうちから取り組んでみたいという気持の高まりを抑えることができませんでした。実に幸運なことに、私は一九九二年から大津先生がリーダーとなった神奈川科学技術アカデミー（ＫＡＳＴ）の大津「フォトン制御」プロジェクトに会社からの派遣研究員として参加することができました。「近接場光学」の黎明期に、その研究に関わることができたことは、私にとって忘れられない経験です。

さて、ＫＡＳＴでの研究を終え、会社にもどった私は、この技術が光リソグラフィに応用できるのではないかと考え始めました。もともと、マスクの密着露光技術はあったのだから、マスクから近接場光を発生させるだけで、従来の光リソグラフィでは実現が難しかった高分解能化が可能になると考えたのです。よくあることですが、同じ時期に同じことを考える人は必ずいます。まず、ＳＩＩ（セイコーインスツルメンツ）から、そして東北大学のグループから、近接場光を用いたリソグラフィの実験に関するレポートが報告されました。特に、東北大学のグループはマスクの密着露光を用いる方法で、ある面積に微細なパターンを一度に転写可能であることを実験的に示してきたのです。その原理は図３・３に示すとおりです。この報告では、波長四三六ナノメートルのｇ線を光源として線幅一〇〇ナノメートルパターンの書き込みを行っています。これは波長の約四分の一以下で、もちろん回折限界よりも小さいサイズです。計算機による数値シミュレーションで、このような技術が実現可能であることを示すのは簡単ですが、実際の実験となるとそうはいきません。レジスト材料の処理のしかたや、露光条件の設定など、さまざまなノウハウが必要になります。そのような意味で、東北大学のグループの実験結果は確かな技術に裏打ちされたすばらしいものでした。この報告を見て、あとは、この技術を使って何か物を作るばかり。だから、研究としてやるべきことはもうないのではないかと少しがっかりしました。

しかし、実はそうではありませんでした。実用化を考えると、まだまだ多くの問題が残っていたのです。なかでも、近接場光が遠くへ届かないために、できあがったパターンも深くすることがで

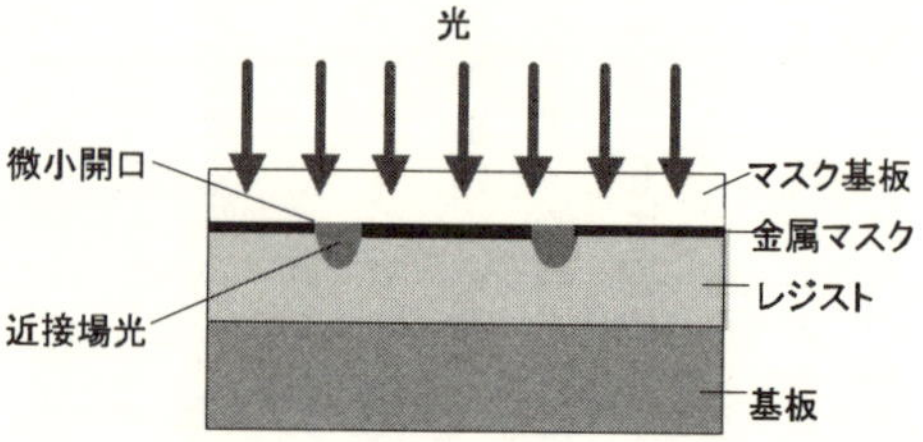


図 3.3　近接場光リソグラフィの原理。マスクのパターン（隙間）に生じた近接場光をレジストに照射する。

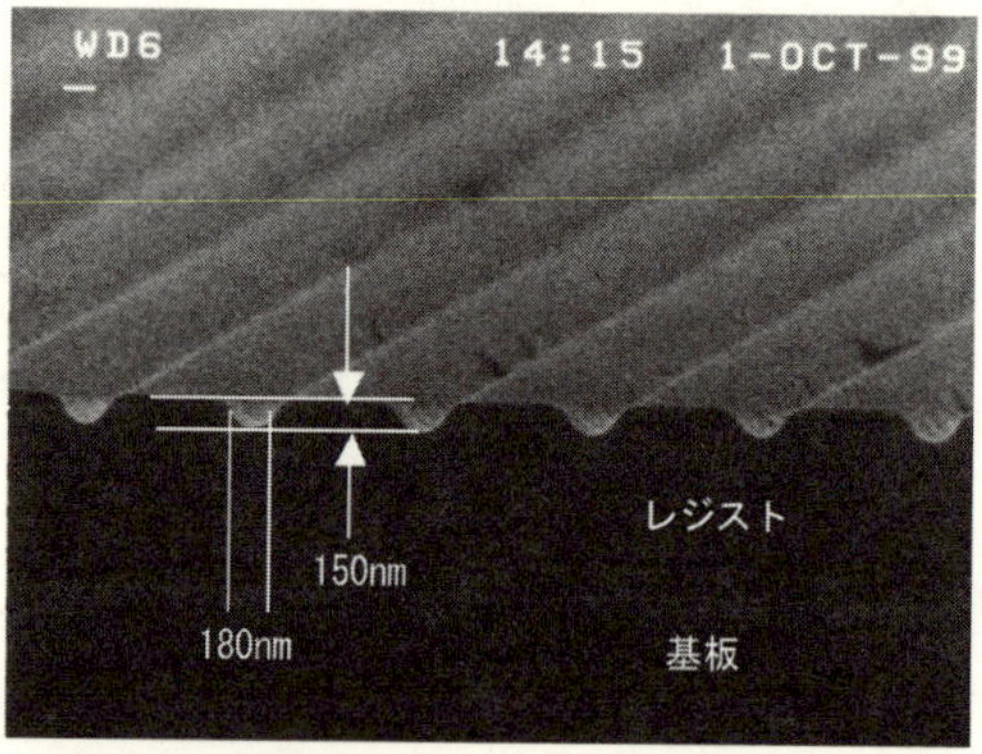


図 3.4　1層レジストのパターニングの結果。近接場光リソグラフィにより、照射光の波長より小さい 180nm の線幅のパターンが得られた。しかし、深さは 150nm にしかならない。

きない（低アスペクト比）という問題は、近接場光リソグラフィを実用的に使うことができない致命的な欠点であることを、実際に光リソグラフィを用いてデバイスを作製している社内外の研究者から指摘されました。図3・4は、実際にレジストに近接場光を露光したあとに現像を行ったパターンです。この実験では、g線という波長四三六ナノメートルの光を用いました。できあがったパターンは確かに波長よりも十分小さい一八〇ナノメートルという線幅なのですが、深さも一五〇ナノメートルまでしか得られていないことがわかります。このような問題があるために、この時点で近接場光リソグラフィは実用に適した技術にはならないという考えが大勢を占めていました。しかし、逆に考えれば、この課題を解決できれば、皆が無理と考えている技術の実用化を可能とすることになります。へそ曲がりな私は、ぜひ、皆が無理だと考えていることをひっくり返したいと考えました。近接場光リソグラフィで高アスペクトのパターンを実現するには、どうしたらよいのだろう？　私は大いに悩みました。

## 第二節　近接場光リソグラフィを実用技術に――二層レジスト

### きっかけ

想いをもっていればチャンスは必ずやってきます。あるとき、私は近接場光リソグラフィをなんとか実用化したいのだけど、アスペクト比を上げるよい方法が見つからないんだということを、私

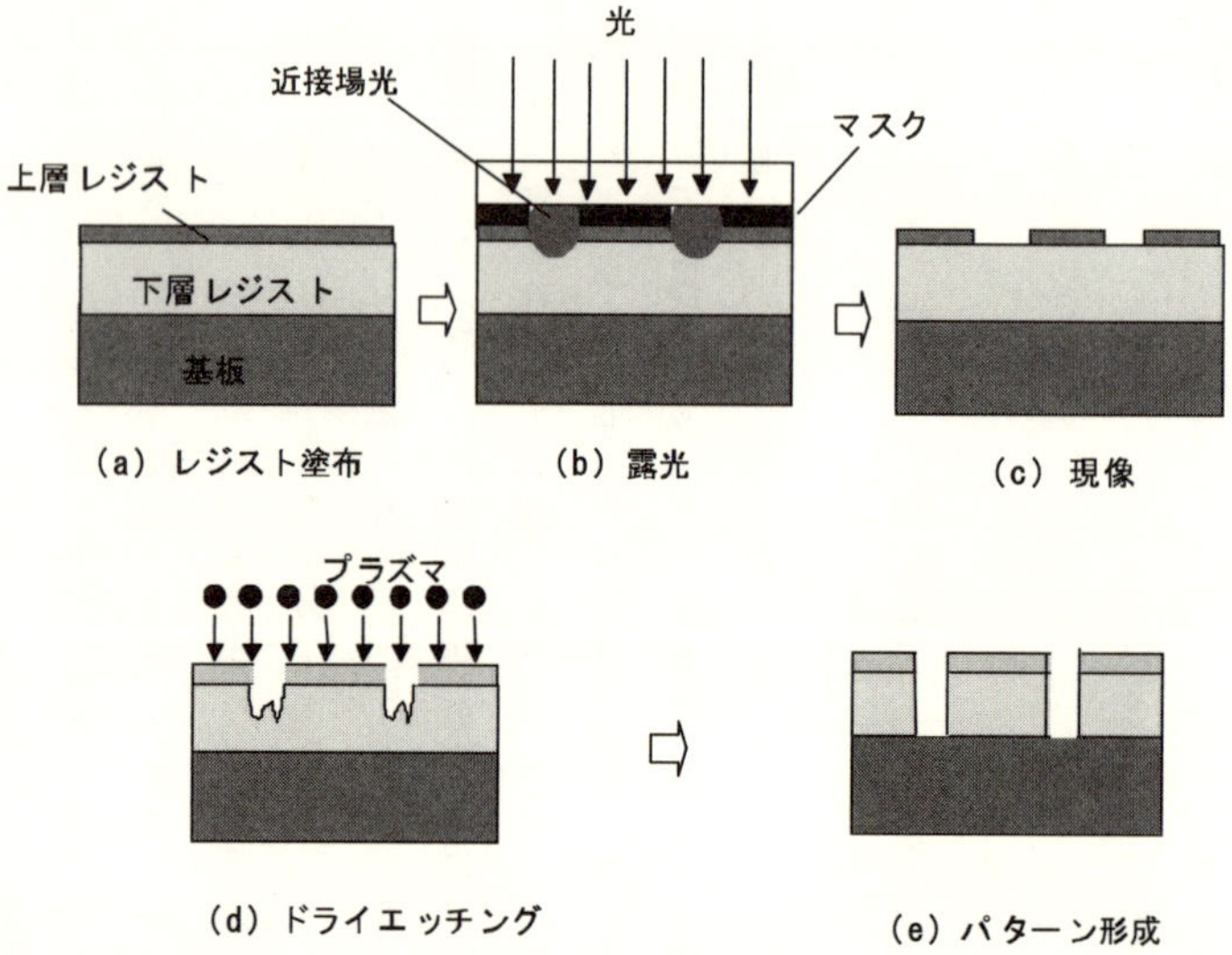


**図 3.5**　２層レジストの原理。その名のとおり、２層のレジストを用いる技術である。まず、上層レジストを光によってパターニングし、その後、下層レジストをドライエッチングによって加工する。

と同じ会社で材料研究を行っていた坂口さんに話しました。最初のうちふむふむと聞いていた彼は、二層レジストという技術によって解決可能ではないかということを提案してくれました。しかも、その材料は手元にあるというのです。これは絶対いけると、私はすぐに直感しました。そして、仲間たちと実験の準備を始めました。実験についてお話しする前に、まずは二層レジストを用いる近接場光リソグラフィの原理を説明します。

## 二層レジスト技術の原理

この技術は、その名のとおり、二層のレジストを用いるものです。図3・5にその原理を示します。まず、加工対象の表面に、第一のレジスト層（下層レジスト）を形成します。ここで使われるレジストは光によって変化しない（非感光性）もので、かつ、プラズマ（イオン性が強く、高い反応性をもつ電離した分子のガス）などによって除去可能な性質をもちます。次に、このレジスト層の上に第二のレジスト層（上層レジスト）を形成します。ここでは、もともとは現像液に溶けない性質だったものが光を照射することによって現像液に溶ける性質に変化する（ポジ型の感光性）レジストを用います。このレジストはシリコンを含有し、それによってプラズマ照射に対しては耐久性を有する性質があります。この上層レジストの膜厚は、照射される近接場光のしみだし深さよりも十分薄くする必要があります。

このような構成のレジストに、あらかじめ近接場光が発生するパターンを刻み込んだ（光の波長よりも小さなサイズのパターンを形成した）マスクを密着し、上層レジストの感光波長の光を照射すると、マスクから発生した近接場光によって上層レジストは感光し、光が照射された部分のみが現像液で溶ける性質に変化します。露光したウエハを現像液に浸すと光があたった部分のみが溶解します。これによって、マスクのパターンを上層レジストに転写することができるのです。次に、上層のパターンを下層レジストに転写しなければなりません。先ほど述べたとおり、上層レジストはプラズマによって分解され難い性質をもっているのに対し、下層レジストはプラズマで分解されやすい性質をもっています。上層レジストをパターニングしたものにプラズマを照射すると上層レジストが取り除かれた部分のみプラズマが透過し、下層のレジストがプラズマとの反応によって取

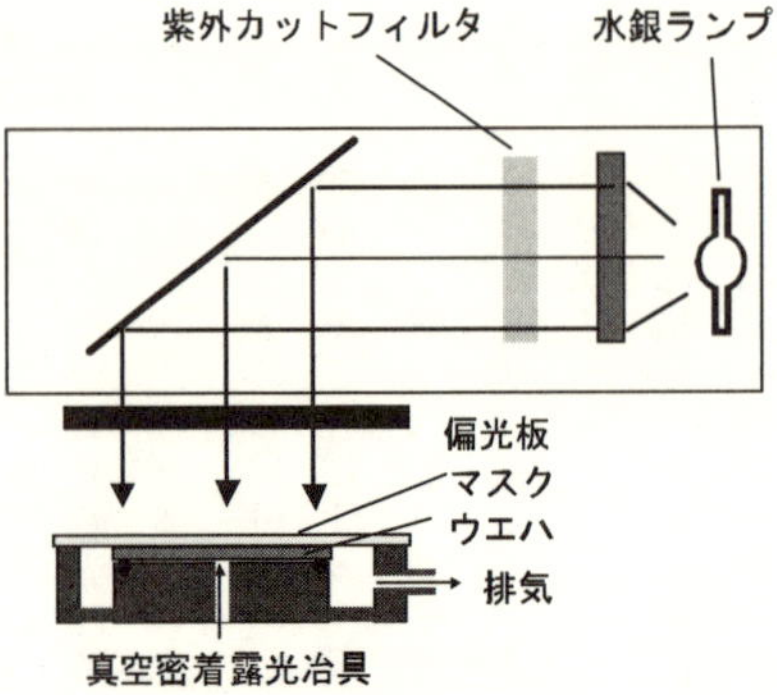


(a) 装置の原理

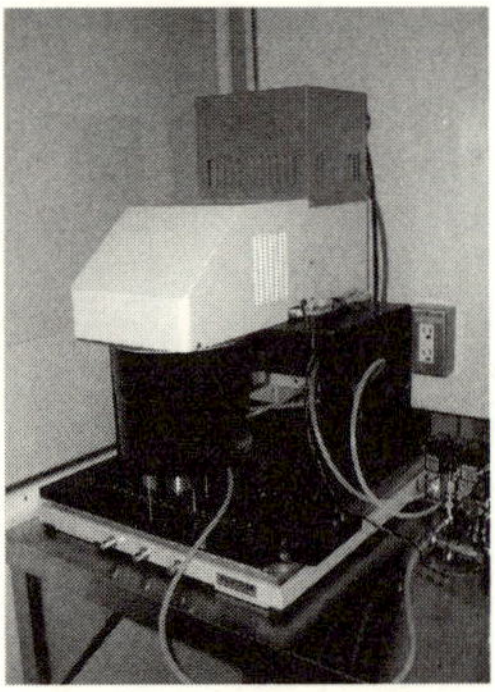

(b) 装置写真

図 3.6　近接場露光装置。(a)近接場露光装置のブロック図。(b)に示す写真は、私たちの手製の露光装置。ずいぶん簡単な装置であることがわかる。

り除かれます。プラズマは、隙間にどんどん入っていきますので、このようなプロセスにより、マスクのパターンが高いアスペクト比でレジストに転写されるのです。

## いよいよ実験

図3・6は、私たちが近接場光リソグラフィの実験で用いた装置です。光源には水銀ランプを用いましたが、これは、かつて私たちの実験室で使われていたものが、たまたまその役割が終わり、実験室の片隅に寂しく放っておかれたものです。もう捨てられるばかりの運命だったのに、再び光を放つことになって、さぞやうれしかったことでしょう。この光源から発生した光を近接場露光ユニットに照射するのですが、その前に特別な波長の光だけを透過する波長選択フィルタと偏光方向を選択するフィルタによって光の性質を調整しました。波長選択フィルタ

は、光源から発生する光のうち、i線（三六五ナノメートル）よりも短い波長をカットし、g線（四三六ナノメートル）の光のみを透過します。実際の実験で使用するレジストはi線にも感光性をもつのですが、実験の目的がなるべく長い波長の光を用いて微細構造が作製できることを示すことなので、あえて波長の長いg線だけを選択したのです。偏光フィルタを用いたのにもわけがあります。東北大学のグループの実験では、マスクの光は透過するパターンの長手方向に平行な偏光の場合のみ、マスクに忠実なパターンの転写が可能だという結果が出ていました。すなわち、転写の特性には偏光依存性があるというのです。当然、露光時には偏光を制御する必要がありますので、私たちの実験でも、最適な偏光方向が選択できるようにするために、偏光フィルタを用いました。

近接場露光では、近接場光による上層レジストの露光が完全に行われるようにするために、マスクとレジストを完全に密着させる必要があります。実際に近接場光の到達する範囲は一〇〇ナノメートル以下と考えられ、シビアな密着性が要求されます。このような密着性を得るために、真空系を用いた密着露光装置を作製し、これを実験に用いました。装置の原理は以下のとおりです。まず、ユニットの上にレジストを塗布したウエハを載せます。次に、マスクの金属面がレジスト膜と重なるように、ウエハの上に載せます。マスクのサイズはウエハよりも少し大きめなのですが、重ねたときにできる隙間から真空ポンプを用いて空気を抜くことで、両者をぴったりとくっつけるというものです。

さて、密着装置の次は近接場光を発生するマスクの用意です。マスクのパターンは〇・一マイク

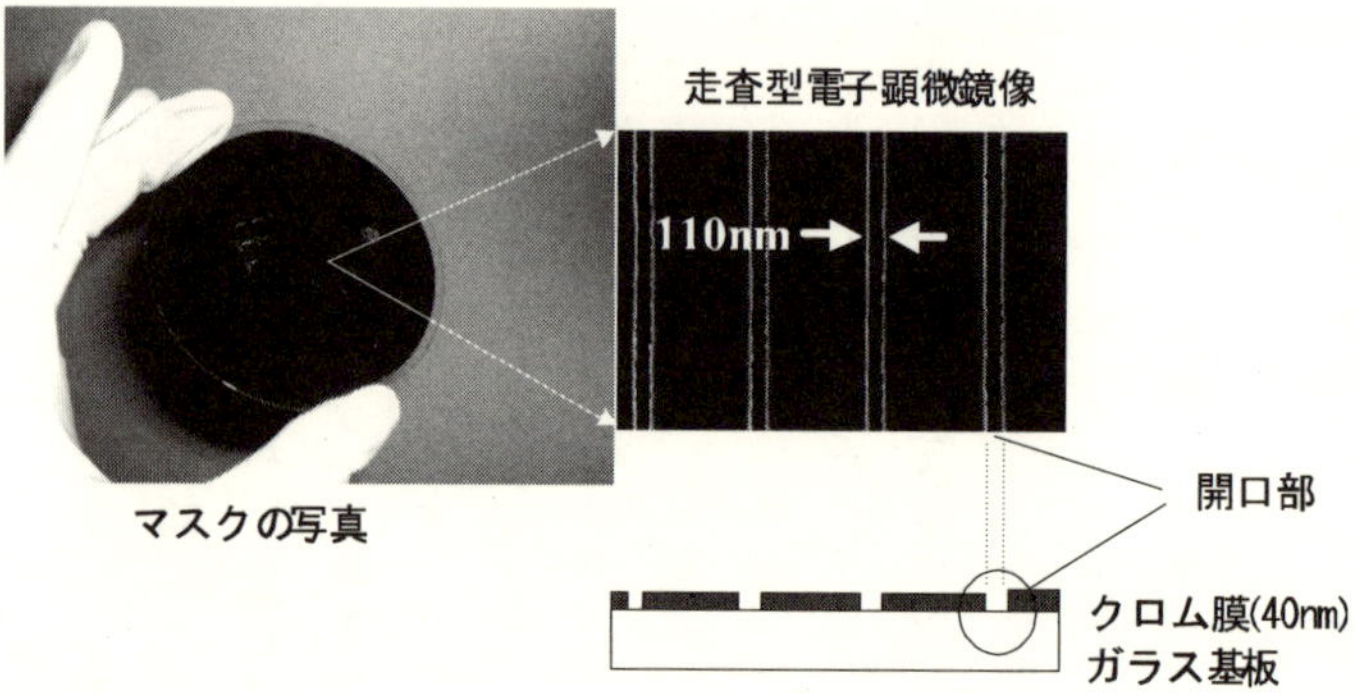


**図 3.7**　マスク。ガラス板の上にクロムの膜が形成されているだけであるが、これが近接場光を発生する重要なデバイスとなる。これ１枚を作るために、大変な手間がかかっている。

ロメートル程度の非常に細かいパターンです。実験に用いたマスクは、ガラス基板上に金属（クロム）で遮蔽パターンを形成したものです。残念ながら、一番最初のパターンとなるマスクは、近接場光リソグラフィで作ることがむずかしいため、電子ビーム描画装置を用いたプロセスを用いました。電子ビーム描画によるプロセスは、ひとつのパターンを作るために要する時間が長くかかりますが、その代わり好きなパターンを作製することができます。ですから、近接場光リソグラフィに限らず、さまざまなリソグラフィのマスク作製プロセスで電子ビーム描画が用いられます。いってみれば、ハンコそのものを作るのが電子ビーム描画プロセスで、できあがったハンコでどんどん同じパターンを作っていくのが光リソグラフィと考えてよいでしょう。図３・７に、作製したマスクパターンの一部を走査型電子顕微鏡（ＳＥＭ）で観測した結果を示します。クロムの膜の中に、幅一一〇ナノメートルのスリット（隙間）が描かれていることがわかります。このパターンに光を照射すると、スリットラインから近接場光が発生するのです。

次に、実際に加工される側、二インチのウエハ（図３・８）上に二層のレジストを形成したものについて説明します。使用したレジストは、上層レジストが**FH-SP3CL**、下層レジストが**FHi028DD**（いずれも富士フイルムアーチ社製）というものです。**FH-SP3CL**は二層レジストプロセス用に開発されたシリコン含有レジストで、g線、i線に感光感度をもちながら酸素プラズマからのダメージを受けにくいという特性を有します。**FHi028DD**は、本来は感光性を有するのですが、塗布後のベーキング（加熱処理）によって非感光性となり、酸素プラズマでエッチングされるという性質をもちます。レジストの塗布はスピンコートと呼ばれる高速回転体で液を吹き飛ばす方法で行いました。特に、上層のレジストは〇・一マイクロメートルよりも薄い層としなければなりませんから、そのための条件出しをしっかりと行う必要があります。幸いなことに、同じ職場にリソグラフィなどのプロセスの専門家である鶴間君という優秀な技術者がいました。彼は、非常に几帳面にスピンコートの

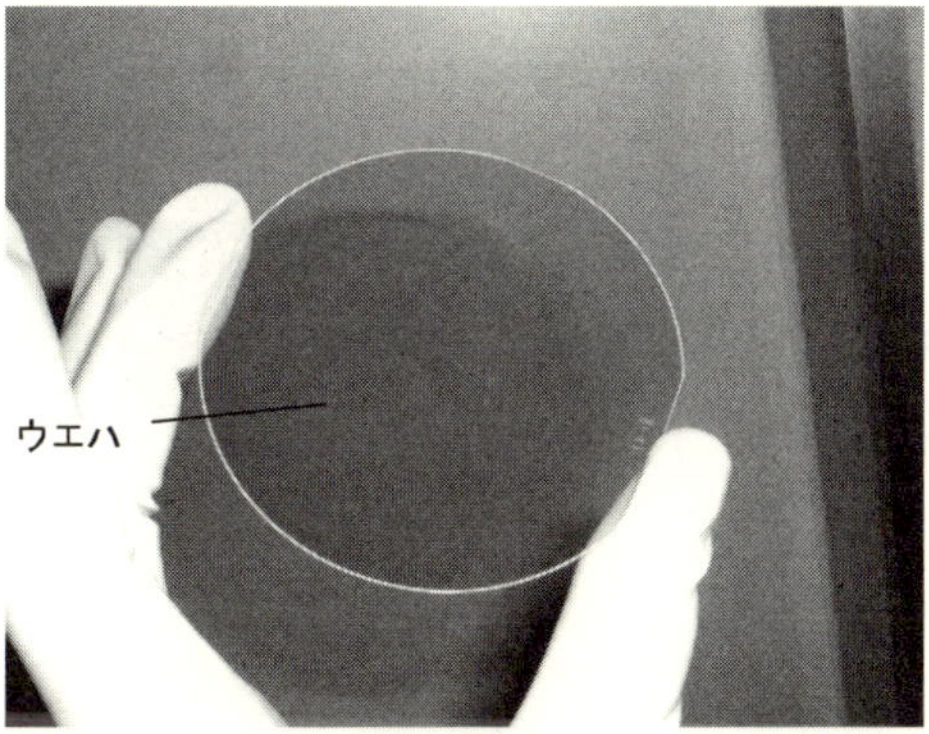


**図 3.8**　ウエハ。これはガラスでできたウエハ。

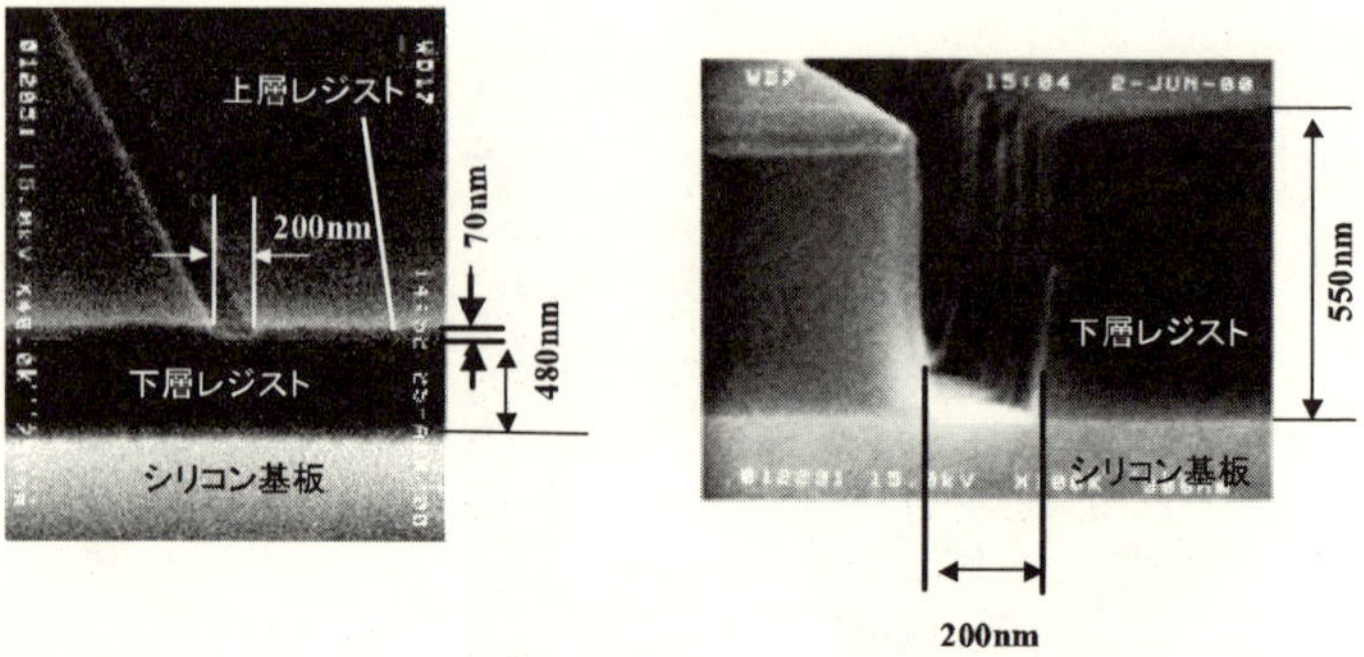


図3.9　2層レジストで作製したパターン。(a)は、近接場露光のあとに液体現像で作製したパターン。上層レジストのみがパターニングされていることがわかる。(b)は、上層をパターニングしたあとでプラズマによるエッチングを行った結果。パターンが、見事に下層レジストを貫いていることがわかる。

条件を探り、最適な条件を見つけ出してくれ、その結果、七〇ナノメートルの膜厚で上層レジスト層が安定に形成できるようになりました。私のようなリソグラフィの素人が、いきなり分解能の極限を目指す実験に取り組むことができたのも鶴間君のような技術者がそばにいたからといってよいでしょう。

実験はすべて手動で行いました。レジストを塗ったウエハを密着装置に載せ、その上にマスクを重ねて真空引きを行います。露光時間の調整はストップウォッチを睨みながら光源についているシャッターのスイッチのオン／オフで行います。実験を開始してしばらくは、なかなか狙った結果が得られません。露光時間をいろいろと変えたり、マスクとウエハの密着の条件を変えたりと、四苦八苦しているうちに最適な条件がだんだん見えてきて、そのうちによい結果が得られるようになりました。図3・9は、二〇〇ナノメートルパターンの転写実験の結果です。上層レジストの露光、現像を行った結果が図(a)です。現像液による現像で膜厚七〇ナノメートルの上層レジストのみがパターニングされていることがわかります。次に、この状態のウエハを酸素プラズマでエッチングした結果が図(b)です。上層レジストのパターンが下層レジストに転写され、その深さは基板まで達していることが観測されます。

ここまでくれば、あとは分解能を上げるだけです。図3・10に一一〇ナノメートルのスリットの転写実験の結果を示します。マスクのパターンの幅（一一〇ナノメートル）より少し広めですが、幅一三〇ナノメートル、深さ五五〇ナノメートルのパターンが作製されていることがわかります。この実験により、二層レジストプロセスとの組み合わせによって、近接場光リソグラフィによって実用上十分なアスペクト比をもつレジストパターンが実現できることを示すことができました。このパターンがはじめて観測されたときは、ほんとうにうれしかったことを覚えています。その日、祝杯をあげたことはいうまでも

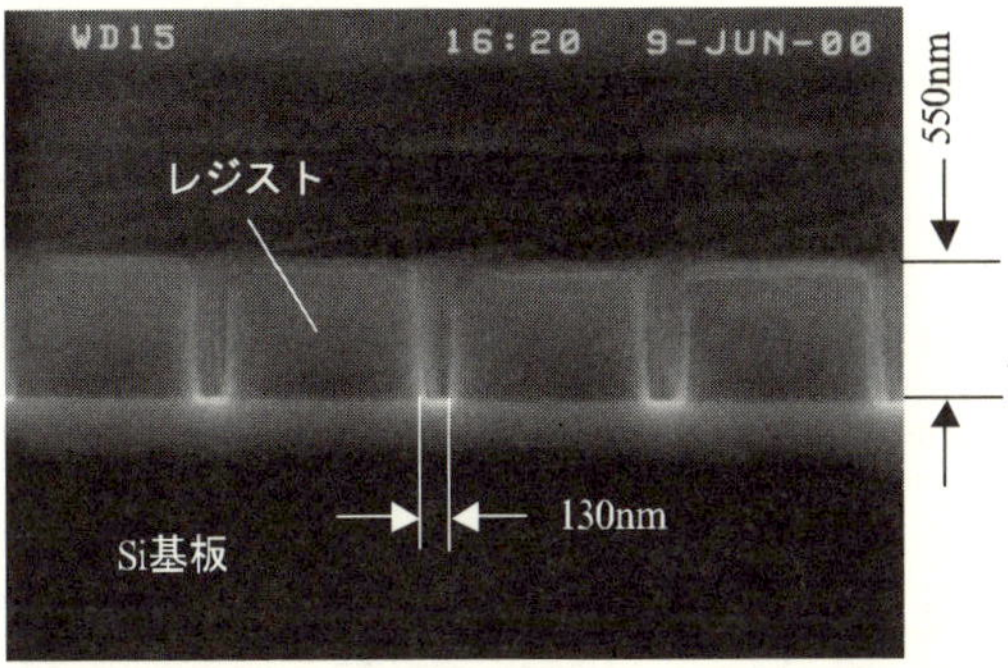


**図 3.10**　110nm のマスクの転写パターン。マスクの線幅よりも少し広がっているが、130nm のパターンが 550nm の深さで形成されていることが観測される。私たちに美味しいビールを飲ませてくれたパターンである。

ありません。ビールが美味しかったこと。

## 第三節　近接場光リソグラフィの可能性

**近接場光リソグラフィの課題**

二層レジストの技術を適用することで、近接場光リソグラフィにおいても十分なアスペクト比をもつレジストパターンの生成が可能であることが示されました。この研究成果により、近接場光リソグラフィの実用化の可能性が見えてきたと考えています。では、研究に値するテーマはこれで終わりでしょうか？　いいえ、まだまだ解決しなければならない課題はあります。たとえば、近接場光特有の画像形成原理の解明が、いまだ十分とはいえません。本当に実用化するためには、これを明らかにすることが重要です。特に大きな問題として偏光依存性があげられます。たとえば、スリットパターンを転写する場合、入射光の偏光がスリットの長手方向に対して平行な場合と垂直な場合とで発生する近接場光の分布パターンが異なることが観測されています。図３・11は、ＦＤＴＤ（Finite Difference Time-Domain Analysis）法という計算機シミュレーションで、偏光依存性を調べた結果です。平行な場合には、マスクの開口部分の真下に向かって近接場光が発生しているのに対し、垂直な場合には開口のエッジ部や、本来、光が遮られているはずの金属マスク部にも強い光分布が発生することがわかります。この現象は、金属膜の中の自由電子の集団的な動き（プラ

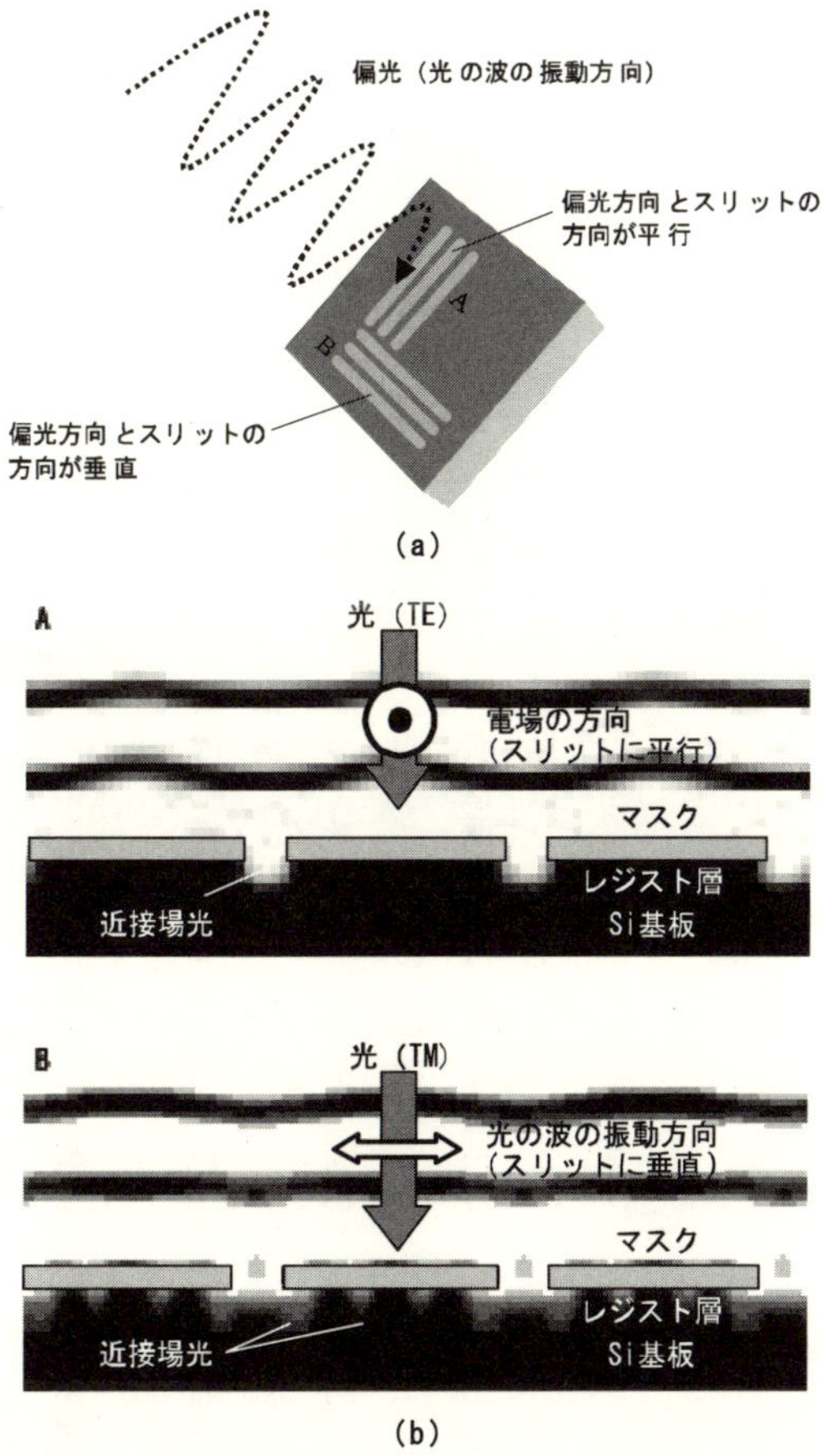


**図 3. 11**　(a)偏光（光の波の振動方向）とスリットの関係。偏光方向とスリットの方向との関係により、発生する近接場光のパターンは変化してしまう。(b)FDTD 法による近接場光分布のシミュレーション。スリットに平行な場合、スリット形状に忠実なパターンの近接場光が発生する。これに対し、スリットに垂直な偏光の光が入射した場合、スリット形状とは異なる近接場光が発生する。

ズモン）によって生じると考えられ、近接場光を用いる技術では必ず生じる現象と考えられます。このように、偏光によって発生するパターンが異なるということは、スリットが異なる複数の方向に伸びる複雑なパターンを転写する場合には大きな問題となります。このほかにも、発生する近接場は、近接場光パターンがマスクパターンの周期性に依存して異なった結果が得られてしまうという課題があります。

これらの課題を解決するためには、微細構造から発生する光近接場の形成原理を解明し、それをもとにしたマスク設計を実現することが必要となるでしょう。すなわち、加工したいパターンがあって、そのパターンの近接場光を発生するマスクパターンを逆問題として求めるのです。これを実現するためには、理論的な側面からの考察や、多くの実験によるアプローチが必要になります。実際、微細構造から発生する近接場光の性質に関しては、現在も精力的に研究が進んでいますので、いずれ、実用化につながる知見が構築されると信じています。それらの研究の中から、もしかしたら光物理の世界観を変えるような大発見が生まれるかもしれません。

### 近接場光リソグラフィの応用用途

リソグラフィの正道であるエキシマレーザステッパを用いる方法は、半導体ＬＳＩなどの複雑なパターンの書き込みが可能ですが、高分解能化のためには多大な時間とお金の投資が必要です。これに対し、近接場光リソグラフィは、比較的低コストで高分解能化が可能となるものの、複雑なパターンを書き込むためには解決しなければならない課題があります。では、近接場光リソグラフィはどのような用途に適しているのでしょうか？

私は、新しい光デバイス、それも、光の波長以下の構造が必要となる光デバイスに、近接場光リソグラフィが適していると考えています。たとえば、回折格子です。回折格子とは、光の通り道に設けた一定周期の格子構造のことで、その部分を光が通ると、格子の周期に応じて光が曲がります（これを回折現象といいます）。このような機能を光機能性が高く、屈折率が高い材料に形成する場合、その周期を光の波長よりも小さくする必要が出てきます。また近年、波長以下の周期の回折格子を用いることで物質の結晶構造などに頼らずに、反射防止膜や偏光板、波長板などの機能を得る技術が注目を浴びています。波長以下のサイズを有する回折光学素子を安く大量に作る手段は現在、ないのですが、このような分野で近接場光リソグラフィはその真価を発揮できると考えられます。

また、通信用などで使われる半導体レーザには、波長を安定化するための回折格子構造が設けられています

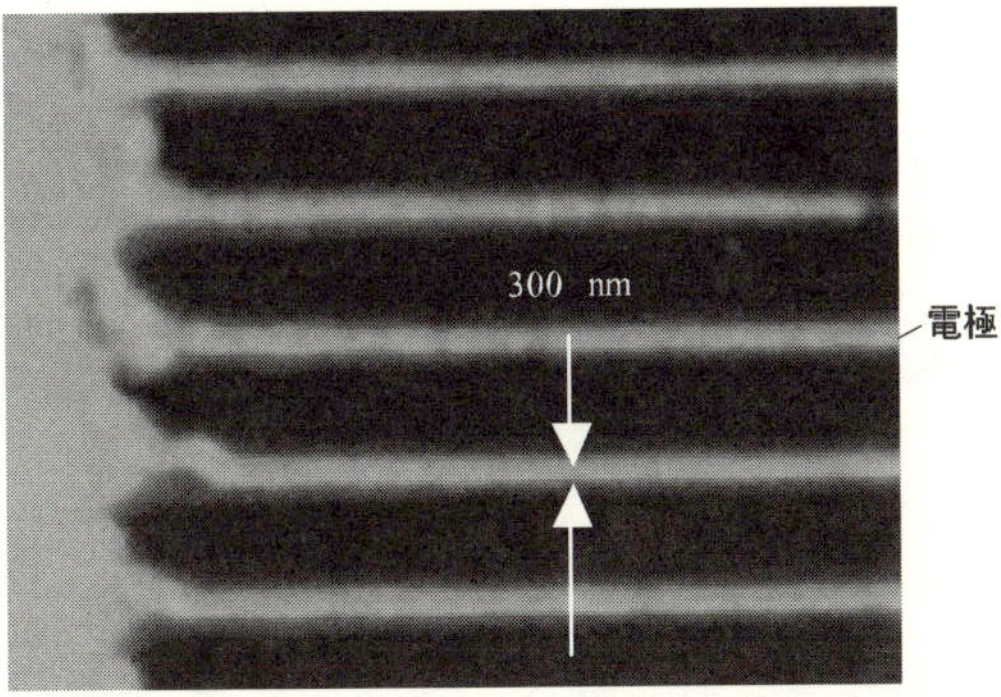


**図 3.12**　近接場光リソグラフィで作製した電極パターン。300nm の線幅のパターンが、近接場光リソグラフィによって簡単に作製できた。

が、特に、波長多重通信の光源の場合、いくつかの周期の回折格子を混在させた構造をとる必要があります。このような素子を簡単に量産することが可能な技術としても、近接場光リソグラフィは非常に有望であると考えられます。

図3・12は、近接場光リソグラフィを用いて作製した金属電極です。通常、このような電極をg線を用いるリソグラフィで作製すると、線幅を〇・五マイクロメートル以下にすることは困難です。しかし、この実験では、簡単に〇・三マイクロメートル以下の電極を作製することができました。このような電極は、将来的には集積化された光制御素子などで必要になると考えていますが、これも近接場光リソグラフィの大きな利用用途です。

さらに、将来、近接場光の特性を活かしたスイッチング素子などが実現される日が必ずくると思いますが、そのときに、デバイスの作製方法として近接場光リソグラフィは必須の技術になると考えられます。現在は偏光依存性などの影響で複雑なパターンを作製することは難しいのですが、それらの問題が解決されれば、回路パターンなども作製可能となるでしょう。近接場光リソグラフィで作製されたナノフォトニクスデバイスが、私たちの身近なところで使われる日がいずれやってくるのではないでしょうか。

# 第四節　未来を目指して

近年、技術の進歩の速さには目をみはるものがあります。さまざまな新しい技術が現れては、それまでの技術に取って代わっていきます。時として、何をやっても、それは一時のつなぎにすぎないのではないかと、無力感を感じることさえあります。しかし、よく考えてみれば、いまの生活にまったく関係ないと思っている縄文式の土器を作った物作りの心が、結局は現在に繋がっていることに気づきます。同じように、いま、私たちが取り組んでいる技術が永遠のものではないにしても、必ずそれは未来に続くものとなるでしょう。未来を考えることは楽しいことです。私は、新しい微細加工技術や、それによってもたらされる夢のデバイスが、多くの余暇や安心を生み出し、それによって人々が豊かな心をもち、充実した人生を過ごせる世の中を想像します。そこで、自分が取り組んだナノフォトニクスの技術が重要不可欠なものとして用いられるとしたら、なんとうれしいことでしょう。今後、さまざまな分野の人たちがこの技術に関わり、夢が実現されることを願ってこの章のまとめとします。

# 参考文献


(1) 最新半導体プロセス技術、Semiconductor FPD World 増刊号、プレスジャーナル社（二〇〇二）
(2) 近接場ナノフォトニクスハンドブック、オプトロニクス社（一九九七）
(3) オプトロニクス、二〇〇三年一一月号

# 第四章　高密度記録の限界への挑戦

高橋淳一

# 第一節　高密度記録の必要性

## 高密度記録ってどのくらい？

この章では高密度記録のお話をしたいと思います。第一章でトップダウン型の戦略というお話がありましたので、ここでは最初にそのような視点から見たことを書こうと思います。

さて、高密度記録というと、現在の実用化されている記録密度はどのくらいで、将来どのくらいの密度のことを狙っているのか、その辺をお話しましょう。現在、一般的に使われているDVDは一枚の、直径一二センチメートルのディスクに約四・七ギガバイトのデータが書き込まれています。記録密度に直すと一平方インチあたり約三・三ギガビットです。一方、現在の磁気ハードディスク（以下HDD）は二〇〇ギガバイトくらいの容量のものが普通です。これはDVDの約四二枚分ですから、二〇〇ギガバイトのHDDはPALやNTSC（ハイビジョンでない、現在地上波で放送されている一般の規格）の動画像を八四時間記録できます。かなりの量です。一方、有識者が苦心して出した未来予測（1）によると、二〇一〇年までには一テラビット／平方インチ（つまり一〇〇〇ギガビット／平方インチ、直径一二センチメートルのディスク片面で、おそらく一・五テラバイト程度の記憶容量）の光ディスクが必要だといわれています。この記録密度が実現すると、これにどのくらいの時間のNTSC動画像が録画できるかというと、一五〇〇ギガバイト／四・七ギガバイト×二時間＝約六三八時間。なんと、ＮＴＳＣの動画像を六三八時間も録画できるのです。

## そんなもの、いるの？

これだけの数字を書きますと、「そんなもの、いるの？」と考える方もいるでしょう。毎日二時間見ても約三二〇日＝約一〇ヶ月かかります。その間にドラマも歌番組もスポーツも古くなってしまいますから。皆さんに限らず、専門家でもそのようなことをいう人がいますが、あまりイマジネーションに富んだ人とはいえません。二〇年ほど前、こういうことがありました。事務用機器の将来像を皆でいろいろと考えていたときのことです。「これからはデジタルの時代だからビジネスの情報も、紙の上に書かれたものではなく、いまより（その当時より）ずっとデジタル化されるだろう。デジタル機器が一般化されて、誰もが大量に、デジタルデータを送ったり、表示したり、蓄えたりして、ビジネスをするようになるに違いない。そこで、大量にデータを記録できる事務用の追記型の光ディスクを開発しよう」という気運が高まりました。当時、すでにレーザディスクやＣＤなどのような読み取り専用（ＲＯＭ）型のディスクは一般に普及していました。でも、事務用ではお客様自身が作成した文書やデータを保存したいわけですから、追記録できることが必須だったのです。

一方、その当時のパソコンやワープロは文字だけしか扱えませんでした。ですから、一・四四メガバイトのフロッピーディスクに数十の文書は保存できたのです。このとき、こういう意見が出てきました。「いまでさえ、数十の文書がフロッピー一枚に入るんだ。事務用の光ディスクなんていらないよ。そんなもんはオーディオやビデオ機器メーカに任せておけばいいんだ」。訳知り顔でこういう人がたくさんいました。しかし、皆さんご存知のように、この予想は大ハズレだったわけです。その人はパソコンやその周辺機器（インクジェットプリンタやイメージスキャナ）の能力が飛躍的に向上し、図、写真、動画、はたまた音声さえも文書内に貼りつけるようになり、たとえ事務用途でもその当時の一〇〇〇倍近くのデータを扱うようになるということが予想できなかったのです。

このようなことをいう人は、皆さんが新しいことをやろうとするときには必ず現れます。大事なことは、やり込められてあきらめないこと、かといって無視して突っ走らないことです。その人のいうことにも一理あるのです。自分が研究・開発しようとする技術がどのように使われるか、一生懸命イメージを沸かせて想像（創造）することです。そして、その技術の必要性を見いだそうとするのです。このことは自分のやりたいことを円滑に進められるように上司や関係者に論理的に説得するのに必要ですし、自分の技術の欠点や弱みを浮き彫りにしてくれます。つまり、どのような点に仕事の第一優先のポイントをおくかということを明らかにしてくれます。それから、その技術が使われる場面を考えることで、新たなアイデア、特に周辺技術に関連するアイデアが生まれることがあります。一粒で二度美味しいということです。

たとえ、いい応用が見つからなくても、周囲を説得できればそれでいいのです。これからの世の中どう変わるかわかりません。完成すれば使い方は世の人が考えてくれます。とにかくやってみることです。

さて、話が脇道にそれてしまいましたが、なんで一テラビット／平方インチの記録密度の光ディスクが必要かということですね？　では、次にそれについてお話しましょう。

## いるんです―その１

現在の **DVD-Video** の記憶容量は四・七ギガバイトで、**MPEG-2** という圧縮技術を使っています。**MPEG-2** でＮＴＳＣ規格の動画像をサンプリングする場合の垂直画素は四八〇、水平画素は七二〇で、約二時間録画できます。しかしこれは、かなり大変なことをやってこの時間に納めているのです。皆さんは映画を二時間見る場合、始めから終わりまで、ズーっと目を皿のようにして画面を見ているでしょうか。大抵の人はそんなことはないでしょう。そんなことをしたら疲れてしまいます。どうでもいい場面、たとえば、人ごみの風景などはボーっと見て、お目当てのきれいな女優さん（あるいは凛々しい俳優さん）がアップに映るときは真剣に見ているものです。映画会社のＤＶＤを作成している編集者もその辺はわかっていて、ビデオを見ている人があまり関心を示さないだろうというところは圧縮率を高く（圧縮率の値としては小さく）し粗い画面にして、メモリ容量をあまり消費しないようにします。逆に、ここぞという場面は圧縮率を低く（圧縮率の値としては大きく）してメモリ容量を使ってでもきれいな画面にしようとします。このような圧縮が映画全体に最適になるまで繰り返し演算されてからＤＶＤに記録するデータを決定します。ちなみに、このような最適化アルゴリズム技術は世界で数社しかもっていないそうです。

映画のように、どこに何が出てくるかがあらかじめわかっている場合には、演算を行う時間的余裕があるので、このようなことができるのです。映画のフィルムからＤＶＤを作成するときは、最初に作戦を立ててから取り掛かっているわけです。ところが、たとえば、スポーツやコンサート、ニュースなどのいわゆる生番組を送信・受信・記録するときはこれができません。次の瞬間どんな映像が送られてくるか予想がつかないからです。

デジタル放送では、さまざまなインフラの制限（転送路の速度やバッファメモリ容量など）を自由に設定できるわけではないので、単位時間あたりに送信できる情報量（転送レート）を固定にせざるを得ません。つまり、DVD-Videoのように高画質にしたいところは高い転送レートにして単位時間あたりに消費するメモリを多くし、低画質の場合はその逆ということを行うことができません。また、動画の圧縮技術はフレーム（動画の一枚一枚の画像のこと）間の類似性を利用しています。つまり、直前の画像と変化のない部分の情報は送らないということです。逆にいうと、変化の激しい動画となると、送らなければならない情報量が多くなりますが、単位時間あたりに送れる情報量（転送レートのこと）は固定なので、画質を低下させるしかないのです。デジタルハイビジョン放送を見ているとき、海の波が砕けるシーンや鳥が羽ばたくシーンなどで、目立って画質が低下するのはこの理由によります。このようなデジタルハイビジョン放送を一枚の光ディスクに二時間録画するためには一枚あたり約二五ギガバイトの容量をもつ光ディスクが必要です。ここまでは現在の話ですが、さらに未来のことを考えてみましょう。

デジタルハイビジョン放送が一般化すると、人間の要求というのは限りのないものですから、先に述べた動きの激しい場面での画質劣化を改善するために転送レートを現状の四倍程度に高めることになるかもしれません。また、ハイビジョンの四倍の画素数をもつＱＨＤ（Quadruple HD）も提案されています。一方、圧縮技術も **JPEG2000** などが進歩・普及して現状の二分の一程度の圧縮率でも劣化の小さい動画像が得られるかもしれません。以上のことから、あくまでも仮定ですが、将来の高精細動画像を二時間録画するには、**25GB×4×4×1/2=200GB** 程度必要になるかもしれません。

こうなると一テラビット／平方インチの記録密度の光ディスク（一・五テラバイト程度）でも、七〜八本程度のコンテンツしか録画できません。皆さんはご自宅のハードディスクビデオレコーダに一〇個程度の番組は録画しているでしょう？　こうしてみると、一〇〜一五年くらい先には一テラビット／平方インチの記録密度の光ディスクをあっという間に使い切ってしまう時代がきそうです。ですからいまから準備しておかなければならないのです。決して遠い将来というものではありません。

## いるんです—その2

もうひとつ、こういう意見があります。「これからはブロードバンドの時代だ。プロバイダに大きな記憶装置をおいて、必要なときはそこからオンデマンドにストリーミングで必要なコンテンツだけを見ればいいじゃないか。ローカルなＴＢ（テラバイト）光メモリなんかいらないよ」。しかし、ストリーミングで映画を鑑賞するということは、多数の接続を長時間維持して、ばらばらに少しずつデータを送ることになります。接続できる数は有限ですので、人気があるコンテンツは接続がいっぱいになり、順番待ちになってすぐ見られないということもあります。また、システムが不安定になる恐れがあります。二〇一〇年に転送速度一〇ギガビット／秒の光ファイバが家庭まで接続されるという予想もありますから、そうなると、先ほどの約二〇〇ギガバイトのコンテンツを数分でダウンロードできます。それからゆっくり鑑賞というスタイルになると私は思います。そうするとこれを一次保存するローカルなメモリが必要です。結局ＴＢ光メモリは必要なのです。

それからもうひとつ。これはさまざまな国の発展度合いや、文化、社会情勢（体制）にも関わる話なので賛否両論あると思いますが、やはり一言述べておこうと思います。

まず、インターネットで情報をどこでも取り出せる社会（いわゆるユビキタス社会）を実現できる国は全世界の何パーセントくらいなのでしょうか？　せいぜい北米(米国、カナダ)、ヨーロッパ、ロシアのモスクワ近辺、アジアでは日本、台湾、韓国、シンガポール、中国の沿岸都市部程度でしょう。これらの国々や地域は全世界の人口から見ればほんの少数派です。多数を占めるアジア、南米、アフリカなどの発展途上国ではユビキタス社会を実現することは困難でしょう。インターネットのみに依存すると、これらの国の人々は質の高い娯楽や芸術に触れることができなくなるわけです。いわゆるDigital Divide（主に人種や民族間の貧富の差により、情報技術の恩恵を受けられるものと受けられないものとの間にできる格差）が広がるわけです。

高速インターネットがなくてもＴＢ光ディスクを配布すれば、発展途上国の人にも美しい画面で映画や芸術を鑑賞してもらい、ハッピーな気分になってもらうことができます。大げさですが、世界の安定にはこんなことも必要な気がします。日本のような特段に便利で平和な社会に住んでいると気がつかないことかもしれません。年中無休で二十四時間やっている店（コンビニ）がどこの町にもたくさんあって、そこにいろんな種類のボタン電池がそろっている国なんてあまりないでしょう。

さらにもうひとつ。数年前にサンドラ・ブロックが主演した「ザ・インターネット」という映画があったのをご存知でしょうか？　簡単にいうと主人公の社会的な情報（運転免許証や保険証の番号など）や経歴などの情報を誰かが操作してしまうサスペンスです。当時はインターネット社会の弱点を突いた作品として結構話題になりました。しかし、これは国民が社会や政府に対して基本的人権やプライバシー保護に関して非常に高いモラルを求める米国であったからこそ物議を醸したのではないでしょうか？　世界の中には人権が守られていない国がまだ多くあります。このような国で国民の情報がサーバに蓄えられていたらどうなるか、いうまでもないことで、サーバに自分の情報を預けておくことはできないでしょう。多くの国の人々は自分の情報は自分の手元に置いておく、ということになると思います。この意味からもＴＢ光メモリは必要なのです。

## いるんです―その3

ここまではビデオ応用のお話が多かったのですが、ビジネスユースでもＴＢ光メモリは必要です。現在のようにインターネットによる取引が盛んになると、これを利用して、顧客情報の管理をするという要望が出てきます。普通の店頭での販売と異なり、一人一人の顧客情報が確実に、あまり人手をかけずに入手できる電子商取引が活発になると、これを解析しマーケッティングや新たな商品開発に活かしたくなります。しかし、実際は情報量が莫大で、どんどんバックアップを取らないとサーバのハードディスクがいっぱいになってしまいます。仕方がないので、磁気テープで記録しておくのですが、ご存知のようにランダムアクセスができないので、統計を取るということに手間がかかります。結局、倉庫にしまっておくだけという、いわゆる死蔵状態になります。せいぜいトラブルが生じたときのエビデンスとして引っ張り出す程度でしょう。ＴＢ光メモリのジュークボックスがあって、ランダムアクセスができれば商売の強い武器になります。ＭＯディスクを使ったこのようなシステムはあるにはあるのですが、記憶容量がまったく足りません。

このように、現在考えただけでもＴＢ光メモリの用途はたくさんあります。むしろ必要性のほうが先行しているくらいです。

なお、ここまでの応用に関しての話を読んで、ＴＢ光メモリではなくて、ローカルなＴＢＨＤＤを使えばいいではないかと思う方もおられるかもしれません。しかし、あとでお話しますが、ＨＤＤの大容量化についても、ナノフォトニクスが大きな鍵を握ります。

## 第二節　では、どうやって高記録密度を実現するか？

第一章で回折限界の説明がありました。光をレンズで絞って、焦点を結ばせたときにどのくらい小さい焦点を結べるか、その限界が回折限界です。この焦点の大きさをスポットサイズといいます。細かい定義の仕方は他の本を参照(2)していただくとして、このスポットサイズは、使っている波長λに比例しレンズの開口数ＮＡに反比例します。現在使われているＣＤやＤＶＤの記憶容量、波長、開口数をまとめたものが表４・１です。これから計算すると、開口数を現行の〇・六五から〇・八五に大きくしても、一テラビット／平方インチ（直径一二センチメートルのディスクで一・五テラバイト）にするには波長を五二ナノメートルにしなければなりません。

しかし、これは実際にはまず不可能です。まずこの波長の小型レーザ光源がありません。たとえそれができても、この波長に対して高い透過率を示す樹脂がありません。現在の光ディスク基板や光ピックアップのレンズにはポリカーボネートなどの高分子有機材料が使われています。これらの樹脂を暖かく軟らかいうちにスタンパと呼ばれる型に押しつけて大量にかつ高精度に光ディスク基板や非球面レンズを作製しています。このような技術のおかげで低価格な光ディスクシステムが供給されています。しかし、高分子有機材料はせいぜい四〇〇ナノメートル程度の波長までの光しか透過せず、それ以下の波長を使うことはできません。高価な石英でさえ二〇〇ナノメートル程度で

表 4.1　従来のディスクシステムを用いた場合の記憶容量と波長の関係

| ディスク名称 | 記憶容量(φ 12cm ディスク) | 波長 λ(nm) | 開口数 NA |
|---|---|---|---|
| CD | 650MB | 780 | 0.65 |
| DVD | 4.7GB | 650 | 0.65 |
| Blu-ray Disc | 27GB | 405 | 0.85 |
| | | ↓ | |
| TB 光メモリ | 1.5TB | **52（！）** | 0.85 |

す。ですから、現在の光ディスク構成のままでは青紫色半導体レーザ（波長四〇五ナノメートル）を使うところで限界がきてしまいます。その記録密度は約二〇ギガビット／平方インチです。多値化などの記録密度を向上させる技術を使っても、せいぜい四〇ギガビット／平方インチ程度です。とても一テラビット／平方インチは無理です。

このままでは先に述べた世の中の要望に応えていくことができないのは明白です。何か新しい技術でこの限界を超えていかなければならないという気運がここ数年研究者・技術者の間で高まりました。このようなときに、本当にタイミングよく近接場光学という新しい学問分野が登場しました。私の勤務している会社のことをいえば、ちょうどこのようなときに縁あって大津先生の研究室と近接場光技術を使った新しい高密度光ディスクの研究をしようということになったのです。

# 第三節　近接場光メモリの研究

## まず記録材料にマークを記録できるかを調べよう

⑴　記録材料として相変化材料を選択

さて、近接場光メモリの研究を始めるに際してどのようなタイプのものを前提に研究をしようかということになりました。すでにディスクに情報が書き込まれていて、変更できない、いわゆるＲＯＭ型の場合、その用途が情報の配布などにかなり限定されてしまいますし、どうせやるなら書き換え（RW：Rewritable）型にしようということになりました。書き換え型の代表的な記録材料としては光磁気効果（カー効果やファラデー効果）を使った光磁気材料と、合金の結晶状態とアモルファス状態間の相変化を用いた相変化材料があります。光磁気材料はこれに照射したレーザ光に対する記録材料からの反射光の偏光角の変化を変調信号としてとらえます。一方、相変化材料の場合は、記録したアモルファスマークの反射率が、それが書き込まれている結晶フィールド（マークが書き込まれている周辺領域）と異なることを使います。つまり、反射光強度を変調信号として再生を行います。光磁気材料と相変化材料を比較してどちらが近接場光記録として使いやすいかというと、相変化材料だろうという結論になりました。

光ディスクの場合、実はレーザ光で記録材料を熱して記録を行います。つまり熱で書き込むので

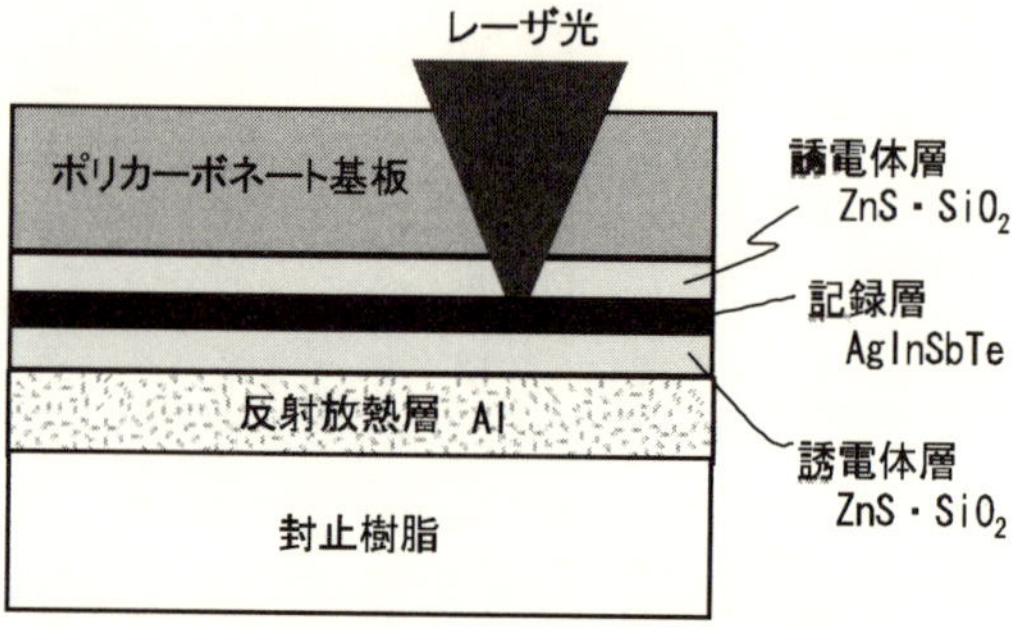


図 4.1　相変化型光ディスクの層構造

す。レーザ光が記録材料を熱したあとに冷めていく過程が記録されたマークの大きさや形状に大きく関わります。相変化型光ディスクには情報が記録される記録膜以外に図4・1のように、誘電体膜や金属膜が記録膜の上下にあります。これらはいろいろな役目があるのですが、そのひとつとして先に述べた記録材料の冷却速度を制御することがあります。特に金属膜は記録膜を急冷させ、マークを小さく記録するためにぜひとも必要です。そうすると、光は透過できないので、記録材料からの反射光から信号を検出しなければなりません。このようなことから、近接場光メモリでは近接場光顕微鏡でいうところのイルミネーション・コレクションモードでマークの記録・再生を行わなくてはなりません。これを図1・13(a)で説明します。

右からきた入射光が球Pに照射されその周辺に近接場光を生じさせます。その近接場光は球Sにより散乱光となります。図1・13(a)ではこれが直接光検出器に入るのですが、イルミネーション・コレクションモードでは球Sの周辺にある近接場光をさらに球Pによりとらえて散乱光にし、これを光検出器でとらえるということになります。ここで、Sは記録材料ですので、Sの状態により、最終的に光検出器に入る光の状態が変化して、記録された情報が再生できるというわけです。近接場光メモリの研究を始めるときは（実はいまでもそうなのですが）近接場光の振る舞いに未知な部分が多く、光磁気材料を使った場合、球Ｐによりもどってきた散乱光が光磁気材料に記録された磁化方向を反映した偏光状態を保っているか、はなはだ疑問でした。その点、相変化記録材料の場合はそれからの反射光強度が信号となるので、話が単純になり、再生も可能になるだろうと思ったのです。また、私の勤務している研究所で開発された四元系（AgInSbTe）相変化材料が書き換え型ＣＤ（ＣＤ-ＲＷ）に使われ、世界に先駆けて発売されるなど、他社よりも進んだ相変化記録材料を社内で作製できるという有利な点もあったのです。

以上のようなことから、我々は AgInSbTe 相変化材料を近接場光記録の記録材料として選びました。

(2)　相変化材料にどのくらい小さなアモルファスマークを記録できるのだろうか？

まず、最初に心配だったことが、AgInSbTe 相変化材料にどのくらい小さなアモルファスマークを記録できるのだろうか、ということでした（アモルファスマークの説明はこの段落の最後にします）。

しかし、これに関しては近接場光記録とは別の研究テーマで非常によい結果が得られていました(3)。伝搬光ではありますが、記録ストラテジーを工夫することにより、図４・２に示すような、一〇〇ナノメートル長のアモルファスマークを記録することができました。勘違いしていただきたくないのですが、これはあくまでも線密度方向に細かく記録できたというだけで、トラック密度的

**図 4.2**　AgInSbTe 相変化材料に記録された 100nm 長のアモルファスマーク[3]

には高密度化できません。つまり、ビームスポット径が大きい（約四〇〇ナノメートル）ので隣のトラックのマークを消してしまうのです。また、再生時にはマーク系と同程度のスポット径の光が必要です。ですから伝搬光で一〇〇ナノメートルのマークを記録できたからといっても、再生時には回折限界以下のスポット径をもつ近接場光でマークを読み取る必要があります。

しかしながら、とにかくこの結果で、AgInSbTe 相変化記録材料は一〇〇ナノメートル程度のアモルファスマークが記録できるということがわかりました。また、このときにアモルファスマーク形状を観測する手段として、ＳＥＭ（走査型電子顕微鏡）が使えることがわかりました。これは非常に重要なことです。従来、アモルファスマークの形状を観測するにはＴＥＭ（透過型電子顕微鏡）を用いていました。しかし、この方法は試料を一〇〇ナノメートル以下の厚みにしてから測定しなければなりません。非常に薄いものなので、壊れやすく、試料を準備するだけで二～三日かかってしまうことも珍しくはありません。一方、ＳＥＭを使う方法はアモルファスマークを記録したあとにフッ酸溶液で最上層の誘電体層を除去するだけでよいのです。相変化記録層以下の膜は、厚さ約一ミリメートルのディスク基板上に残ったままですので、TEMの場合に比べて試料の扱いが格段に楽になります。したがって、試料の準備から観測まで、一時間程度ですみます。

研究開発においては、このような評価技術が非常に大事で、これが他の研究機関との競争において雌雄を決する場合もあります。我々の場合も記録条件を追い込む場合に、実験と評価の効率が著しく向上し、上記のような結果を早期に得ることができました。なお、学会などでこの結果を示すと、ほとんどといっていいほど「SEMではアモルファスマークは見えないはずだ」ということを質問されます。しかし、事実は見えるのです。なぜ我々以外の研究者の方々が観測できなくて、我々にはできるのかという理由はよくわかりません。SEMも非常にポピュラーな機種です。ただ、アモルファス領域と結晶領域ではその比抵抗が約六桁も違いますので、試料からの二次電子の出方や電子の帯電の様子に違いが生じ、これが観測されているのかもしれません。

なお、通常の光ディスクは透明基板側から光を照射するのですが、この実験で作製した記録媒体はこれとは反対に、基板上に形成した膜の表面側からレーザ光を照射することにより、アモルファスマークを記録しました。このような構成の記録媒体を表面記録型記録媒体といいます。

ところで、アモルファスマークとはなんでしょうか？　相変化材料というのはスパッタにより成膜されます。成膜された膜はアモルファス（無定形）状態です。これを初期化という工程で光ディスク全面にわたって相変化記録層を結晶（多結晶）化します。この結晶化されたフィールドにアモ

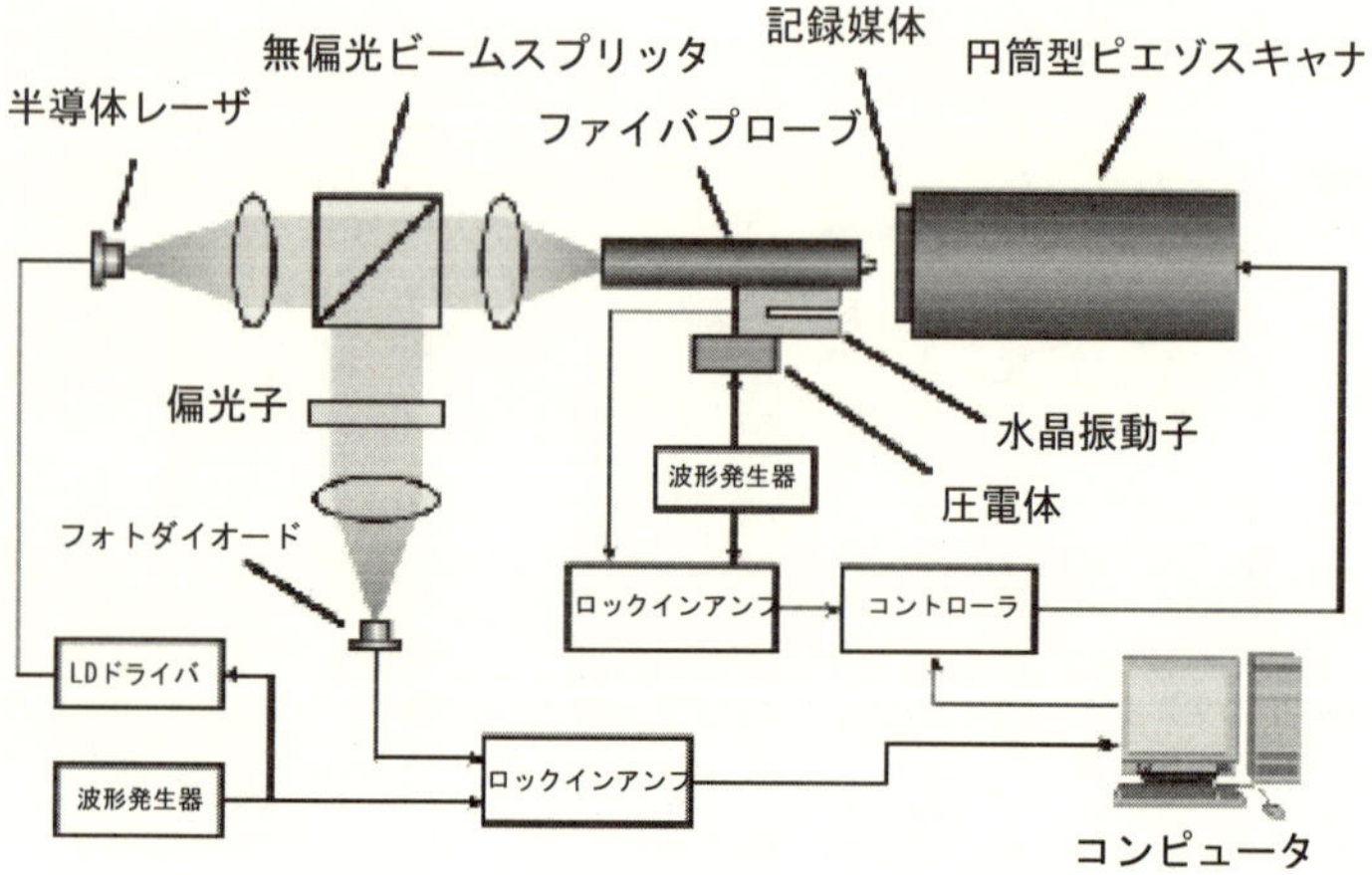


図 4.3　近接場光プローブによる記録／再生／消去実験の構成図[4]

ルファスマークを書き込みます。多結晶化された合金をレーザ光で急熱・急冷するとアモルファス状態になります。アモルファスフィールドに結晶マークを書くことは、現在あまり行われていません。アモルファスフィールドの膜にレーザ光を照射して結晶化させると、だらだらと面方向に結晶領域が広がってしまい、くっきりとした小さいマークを記録できない傾向があるからです。相変化材料では結晶フィールド内にアモルファスマークがあるという組み合わせが常識です。なお、学会などではアモルファスマークのことを相変化マークと呼ぶことが多いようです。ここでは、結晶とアモルファスの説明をするために、あえてアモルファスマークという表現を使いました。

(3)　近接場光プローブでアモルファスマークを記録できるのだろうか？

次に我々が試みたことは、近接場光プローブで記

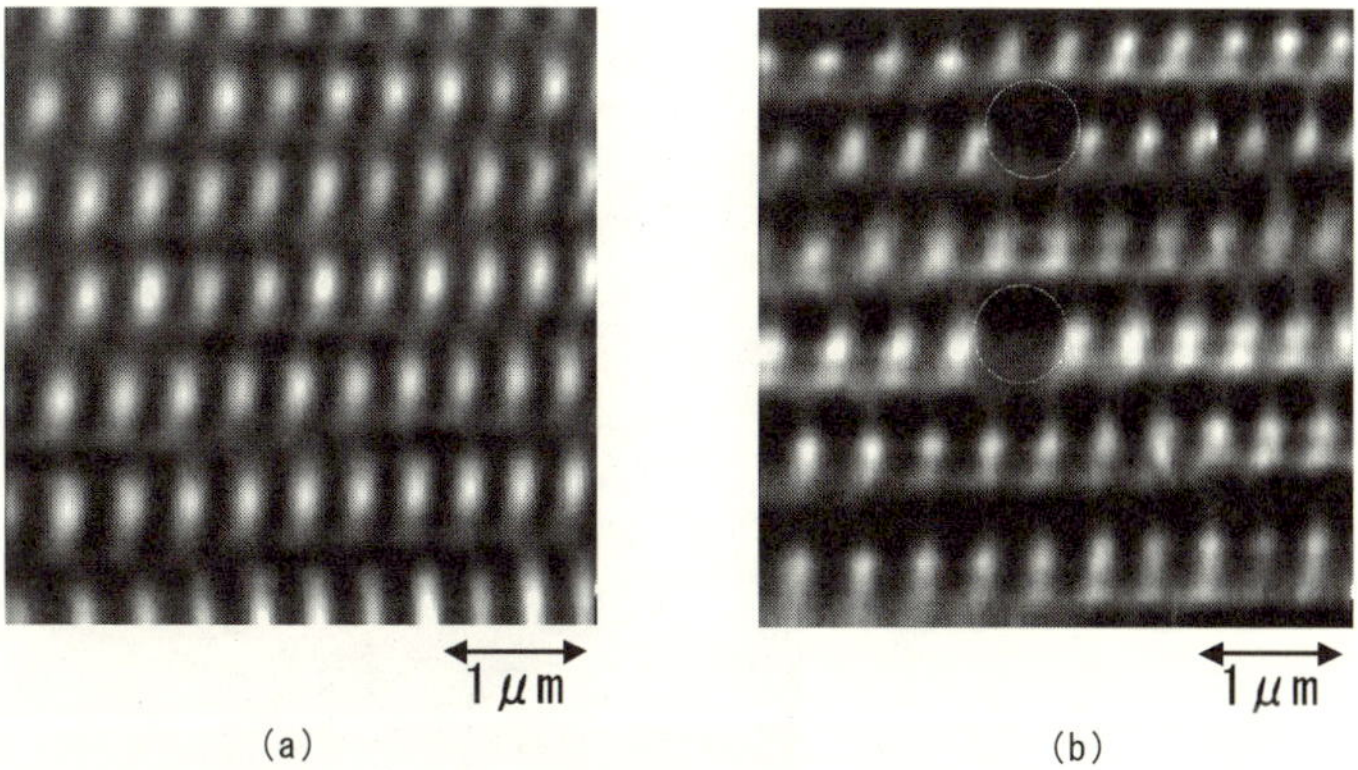


**図 4.4**　近接場光プローブによるアモルファスマーク再生像[4]。(a)近接場光プローブでアモルファスマークを再生した像、(b)近接場光プローブでアモルファスマーク消去後の再生像。円で囲んだところが消去したアモルファスマークがあった場所。

録／再生／消去の各動作が可能かどうかを調べることでした（4、5）。とにかくこのようなことは初めてだったので、最初は一テラビット／平方インチを狙うのではなく、欲張らずに一〇〇ギガビット／平方インチ程度の記録密度（マーク直径で約二〇〇ナノメートル）を狙うことにしました。第一章で紹介されている光ファイバプローブを使って、図4・3のような実験システムを組みました。光源には七八五ナノメートルの近赤外半導体レーザを用いました。

まず、前記(2)で説明した方法でAgInSbTe相変化記録膜に二〇〇ナノメートル程度のアモルファスマークを記録し、それを図4・3のシステムで反射光の分布像を測定してみました。これは、光ディスクシステムでは再生に相当します。結果は図4・4(a)に示すように、見事に再生することができました。しかも、このときにおもしろい現象がわかりました。図4・3のフォトダイオードの前に偏光子を設けてあります。これを回転させると、その角度によって、得られる像のコントラストが変化するのです。これが意味しているところは、結晶フィールドからの反射光とアモルファスマークからの反射光の偏光に違いがあるということです。

　これは我々にとって大きな驚きでした。従来の伝搬光ではこのようなことはまったく観測されていなかったからです。念のため、再度、伝搬光でこの記録媒体上の結晶部分とアモルファス部分の偏光状態を調べましたが、両者はまったく同じでした。つまり先に述べたことは近接場光独特の現象らしいのです。我々が首をひねっていると、同様な結果がほかの研究者からも発表されました[6]。彼らも我々も未だにこの原因を解明していません。これひとつ見ても、近接場光学は、いままでの伝搬光のみによって体系づけられた光学とはかなり異なる、未知の部分の多い学問分野ということができるでしょう。それだけに大きな可能性がある、非常に興味深い分野です。

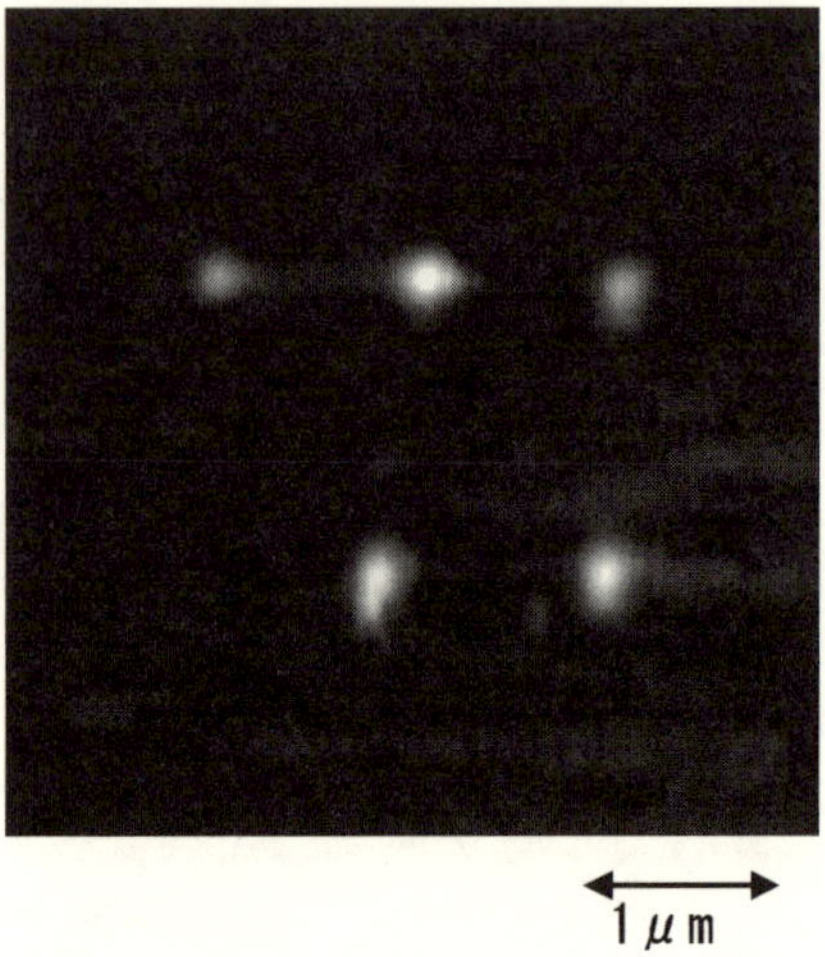


**図4.5**　近接場光プローブによりアモルファスマークを記録したあとの再生像。白い点が記録されたアモルファスマーク[4]。

再生ができることを確認したのち、図４・３のシステムで消去（図４・４(b)）、記録（図４・５）ができることを確認しました。これにより、近接場光プローブと相変化記録材料の組み合わせにより、書き換え型光ディスクの基本動作である記録／再生／消去が可能であることが証明されました。この実験でのレーザ光波長は七八五ナノメートルですから、四〇五ナノメートルの半導体レーザを用いれば一〇〇ナノメートル程度のマークは記録でき、記録密度にして約一〇〇ギガビット／平方インチの記録密度は達成できると考えています。

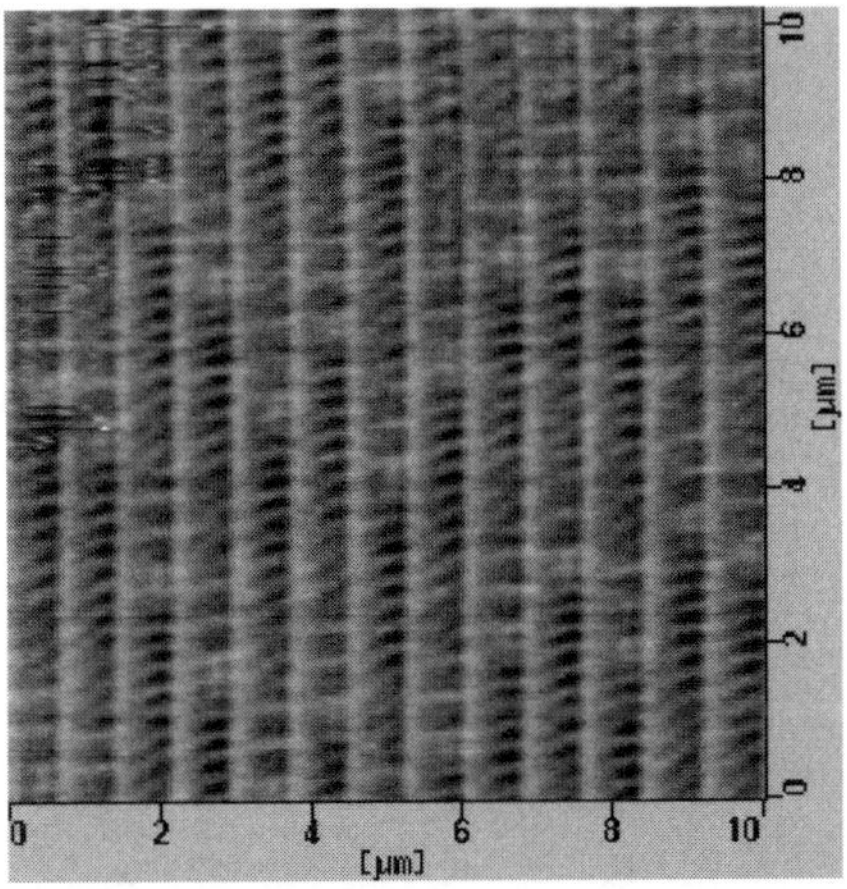


**図 4.6**　AgInSbTe 相変化材料に記録された 100 nm 長のアモルファスマーク近接場光プローブにより読み取った像(7)

さらに、この一〇〇ナノメートルの大きさのアモルファスマークが近接場光で再生できるかどうかということも確かめました。従来、ＳＥＭ像では大きさが一〇〇ナノメートルのアモルファスマークが記録されていることが確認されているのですが、肝心の光学像としてコントラストがあるかどうかは確認されていませんでした。我々は近接場光学顕微鏡（ＳＮＯＭ）を使って、図４・２に示した一〇〇ナノメートルのマークを記録した相変化記録媒体の近接場光像を測定し、図４・６に示すように、光学的なコントラストをもっていることを明らかにしました(7)。以上のことから、一〇〇ギガビット／平方インチ程度の記録密度ならば、近接場光プローブと相変化記録材料の組み合わせで実現できそうだということがわかりました。

## スライダ一体型プローブを作ろう

(1) ファイバプローブは近接場光メモリに使えるか？

さて、近接場光プローブで記録／再生／消去はできそうだということにはなったのですが、もうひとつの問題がありました。それは近接場光プローブです。図４・３の構成でそのままメモリにすることはできません。走査がゆっくりだからです。いわゆる転送レートがお話にならないほど遅いのです。もっと記録媒体とプローブ間の相対速度を早くしたいのです。しかし、図４・３の構成ではプローブ先端と記録媒体表面間の距離をシアフォース法という方法で検出し、この距離が一定になるように帰還制御をかけていますので、制御の遅れからどうしても実用的なメモリに必要な速度が得られません。第一章で述べられているように、スライダを使ってプローブが記録媒体上を滑るようにすれば、この問題は何とかなりそうです。このためには、スライダの底面（あるいはパッド底面）とプローブ先端が一〇ナノメートル以下の精度で一致していなければなりません。ファイバプローブを使う場合は、組み立てによってこの精度を出さなければなりません(図４・７)。しかし、これはほとんど不可能といっていいでしょう。

そこで、スライダが元来、平板であるところに目をつけて、フォトリソ・エッチングで作製できないかと考えました。開口径は二〇〇ナノメートル以下には作りたかったのですが、最新のフォトリソグラフィの技術は高価でなかなか使えません。使えたとしても、プローブの高さは数マイクロメートルあります。半導体プロセスの加工厚みはせいぜい五〇〇ナノメートル程度なので、こんな高さのあるものは加工できません。そこで、ＭＥＭＳデバイスを作製するときに使われているプロセス、いわゆるマイクロマシニング技術を使うことにしました。特に加工がやりやすい単結晶シリコンを強アルカリ液で結晶軸方向にエッチングする異方性エッチングを使うことにしました。

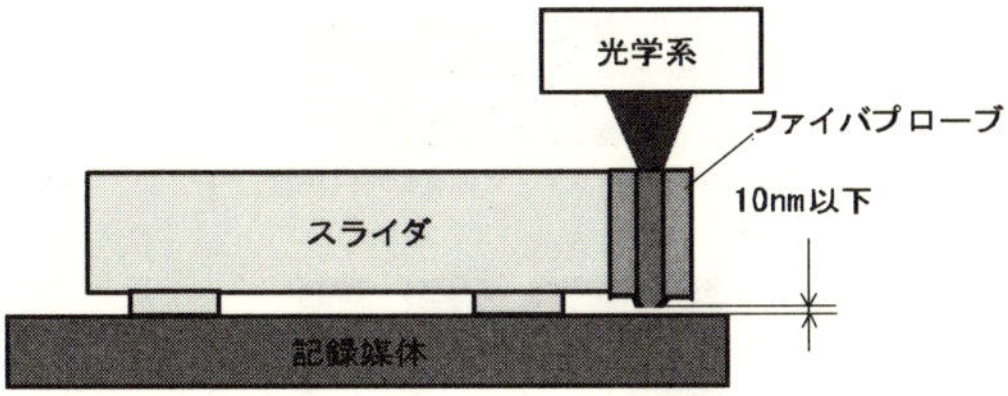


**図 4.7**　近接場光ファイバプローブを取りつけた場合のスライダ構成案

(100) の面方位をもつシリコンウエハ表面に開口形状の酸化シリコンパターンを形成し、五〇度Ｃくらいの水酸化カリウム水溶液に浸けると (100) 面に囲まれたピラミッド形状の窪みができます。この窪みの底（頂点）より少し（たとえば一〇〇ナノメートル）浅いところにシリコンウエハの反対面があれば大体一〇〇ナノメートルの開口ができます。しかしこれがなかなか難しいのです。なぜならば、普通のウエハの厚みは五〇〇マイクロメートルくらいありますから、一〇〇ナノメートル単位で厚みを制御してウエハを作製することは困難ですし

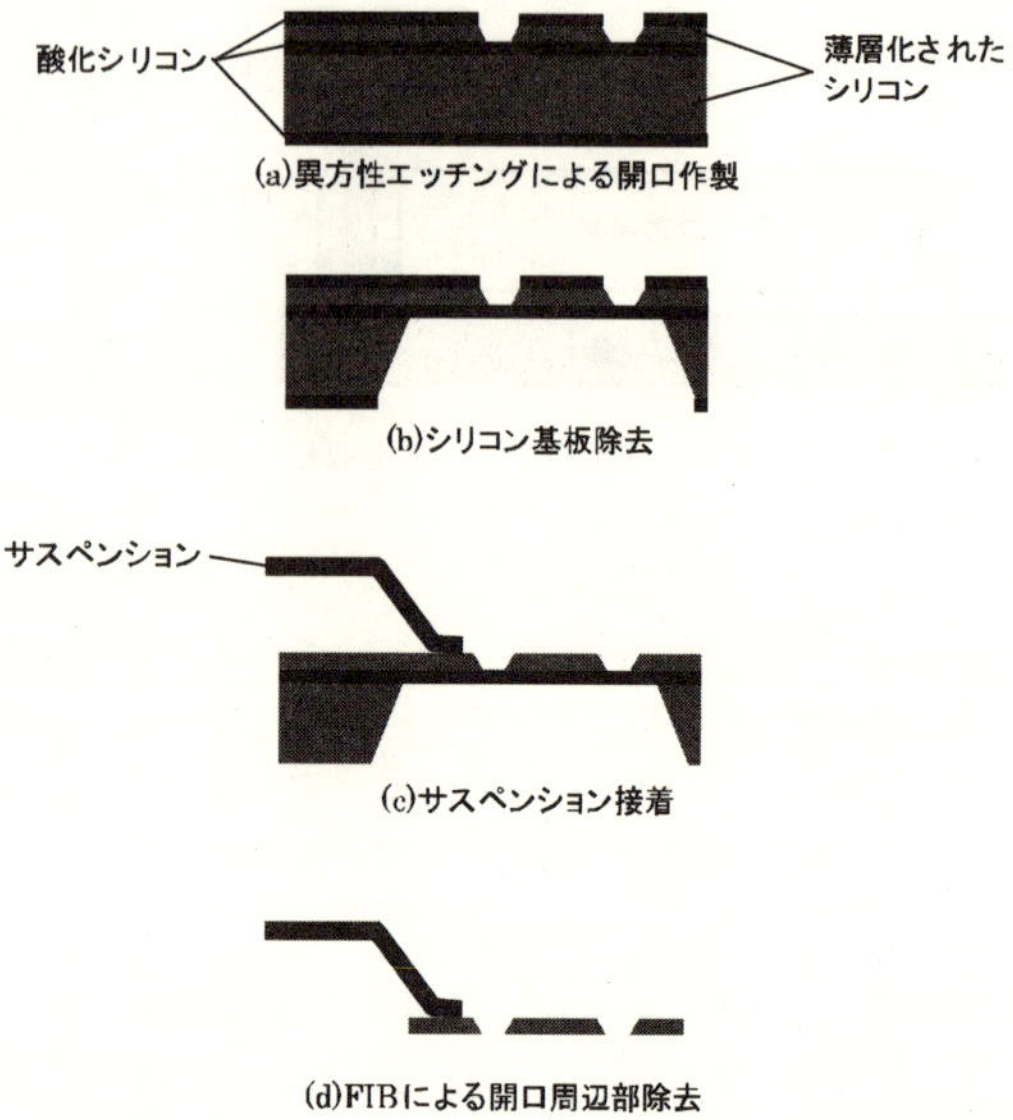


図 4.8　SOI 基板のみを使った近接場光プローブ・スライダ作製プロセス

通常のＩＣプロセスにはなんら必要ないことなので、そのような技術もありません。そこで、ＳＯＩ（Silicon on Insulator）ウエハの薄層化されたシリコンを使うことにしました。図４・８がＳＯＩを使ったスライダの作製プロセスです。開口形はある程度制御できるのですが、できあがったスライダは数マイクロメートルの厚みのシリコンです。極めて脆弱なので、扱いには非常に神経を使います。

　そこで、もうひとつのマイクロマシニング技術である陽極接合を使うことを思いつきました(8)（図４・９）。昔ＭＥＭＳ（Micro Electro Mechanical Systems）関係の仕事をしていたことが役に立ちました。一見無駄なようでも、技術の幅を広げておくことは大事です。これにより〇・五～一ミリメートルのガラス板により微小開口をもつシリコン薄層が補強されますから、プロセスも取り扱いもずっと楽になります。レーザ光もガラスを透過してシリコン薄層の開

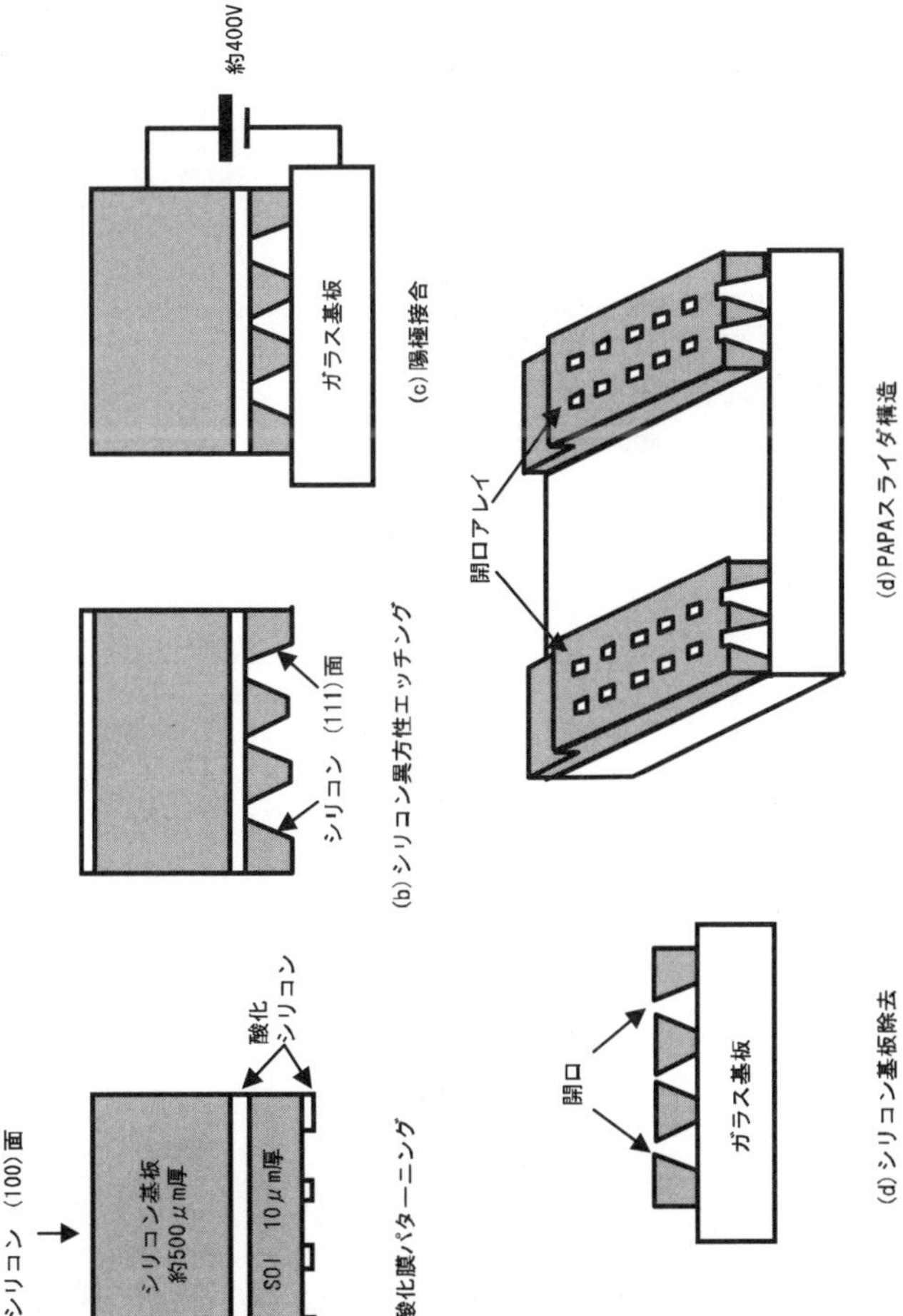


図 4.9　PAPAをもつプローブ・スライダ作製プロセス(8)

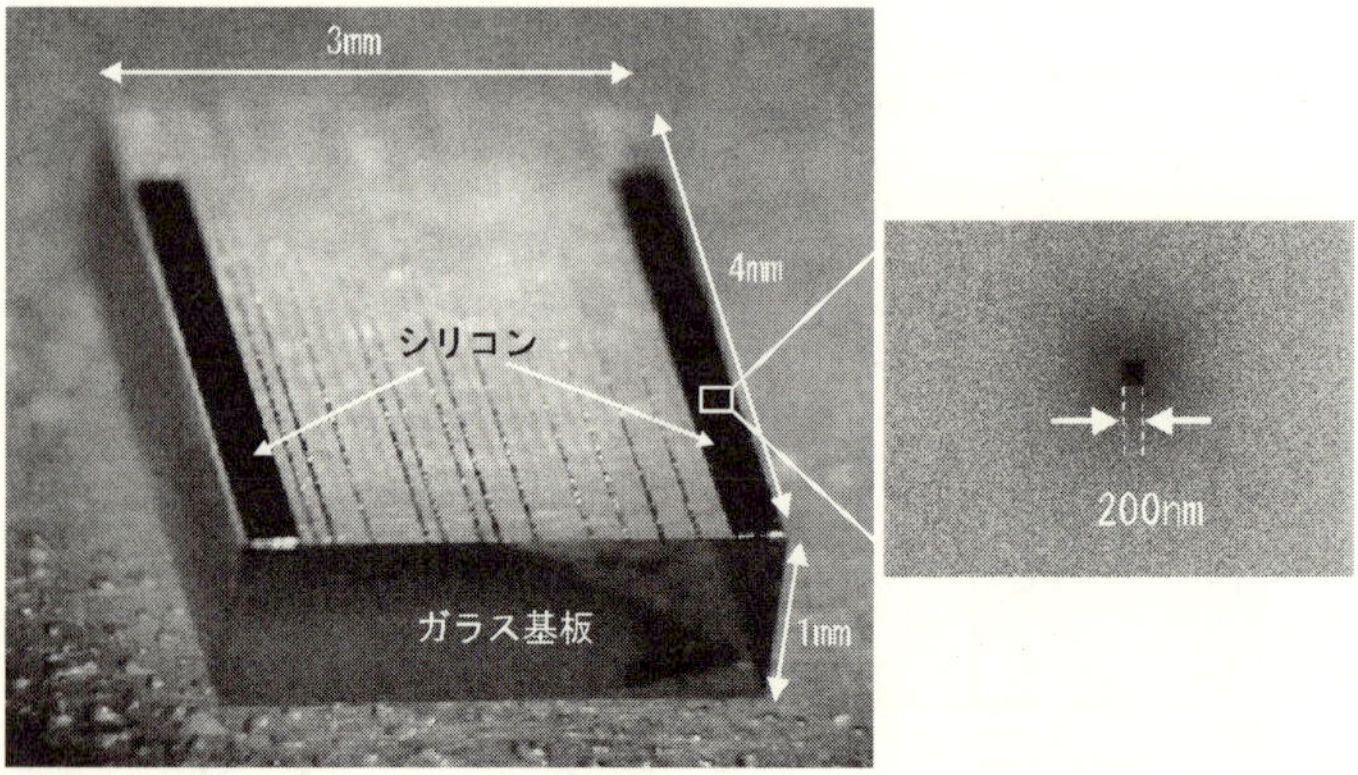


**図 4.10　PAPA をもつプローブ・スライダ**(8)

口に届きます。図4・10に、作製したスライダの写真を示します。このスライダ・プローブは平面上に開口型プローブをアレイ状にもっています。このプローブアレイを**planar apertured probe array**（PAPA）と名づけました。パッドの表面と近接場光開口が形成されている面は同じ面なので、両者の高さの誤差はありません。

⑵　もう一工夫

ここまできて、大津先生の研究室の方がすばらしいアイデアを思いついてくれました。それは単結晶シリコンを、穴を形成する部材にではなく、プローブそのものの材料にしようという考えです。作製プロセスを図4・11(a)、(b)に示します(9)。

①　まず、SOI側をガラスに陽極接合します。

②　シリコン基板を除去後、中間層の酸化シリコンをパターニングし、これをマスクとしてSOIを異方性エッチングしてシリコンの突起アレイを形成します。

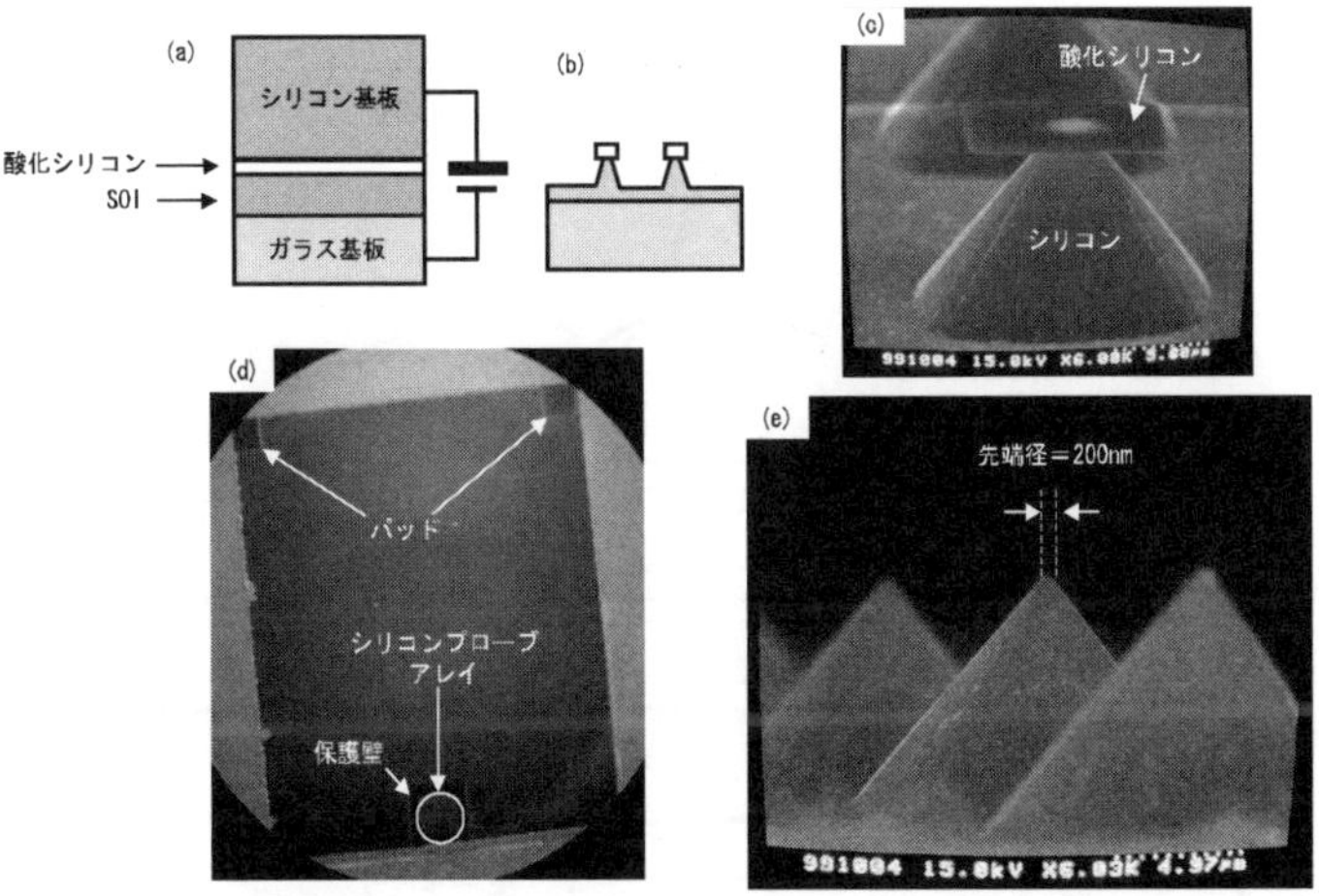


**図 4.11**　(a)、(b)PSPA をもつプローブ・スライダ作製プロセス、(c)、(d)、(e) PSPA をもつプローブ・スライダ[9]

このプローブアレイを planar silicon probe array（PSPA）と名づけました。

これには次のような利点があります。まずプローブ部材は単結晶シリコンですので、アルカリ性エッチャントによる異方性エッチングにより立体的な構造、ここでは突起型プローブを比較的簡単に作製できます。次にシリコンは八〇〇ナノメートル程度の近赤外線に対しては比較的透過性があり、プローブ材料としても使えるということです。しかも、この波長でのシリコンの屈折率は三・七程度と非常に高いので、シリコン内の波長はかなり短くなります。波長八五〇ナノメートルの光もシリコンの中では二三〇ナノメートルになります。これはガリウム・窒素系青紫色レーザ光（四〇五ナノメートル）のガラス（屈折率は約一・五）中の波長（二七〇ナノメートル）よりも短いことになります。

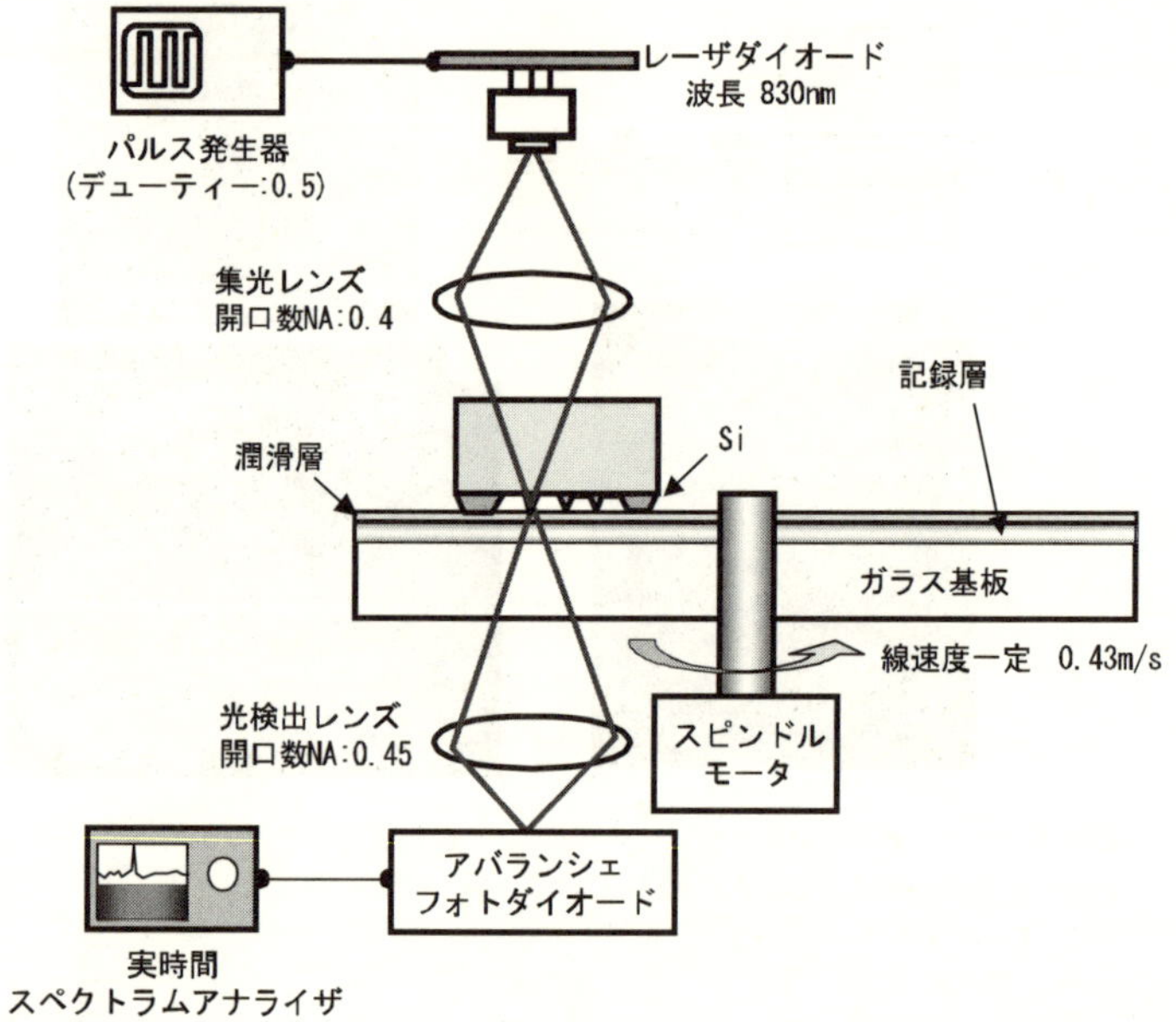


図 4.12　PSPA をもつプローブ・スライダによる相変化記録媒体への記録・再生実験構成図[9]

したがって、プローブ内部での回折限界は小さな値となり、近接場光の利用効率が向上します。

また、プローブ先端を、記録メディア表面との接触時に生じる機械的圧力から守るバンク(保護壁)やスライディングパッドをプローブと同時に作製することができます。しかも、プローブ先端面とパッドやバンクの表面とは、もともとは同一面内にあったものですから、これらの間の表面高さずれはほとんどなく、多くても一〇ナノメートル以下になっています（実際は測定ができないほど小さい）。実際に作製したプローブ・スライダの写真を図４・11(c)、(d)、(e)に示します。さらに、このプローブ・スライダを使って、発光波長八五〇ナノメートルの半導体レーザを光源として、相変化メディアに記録したところ、一一〇ナノメートルのマークを書き込むことができました（図４・12、13）。プローブ突起はフォトリソ・エッチングで作製するので、フォトマスクのパターンさえあれば、ひとつのスライダ上に一括して多数個のプローブができあがります。将来的にはＥＯ（電気光学結晶）スキャナを使って、高速・時分割にプローブ間をスキャンし、高ビットレートの記録・再生が可能になります（図４・14）。

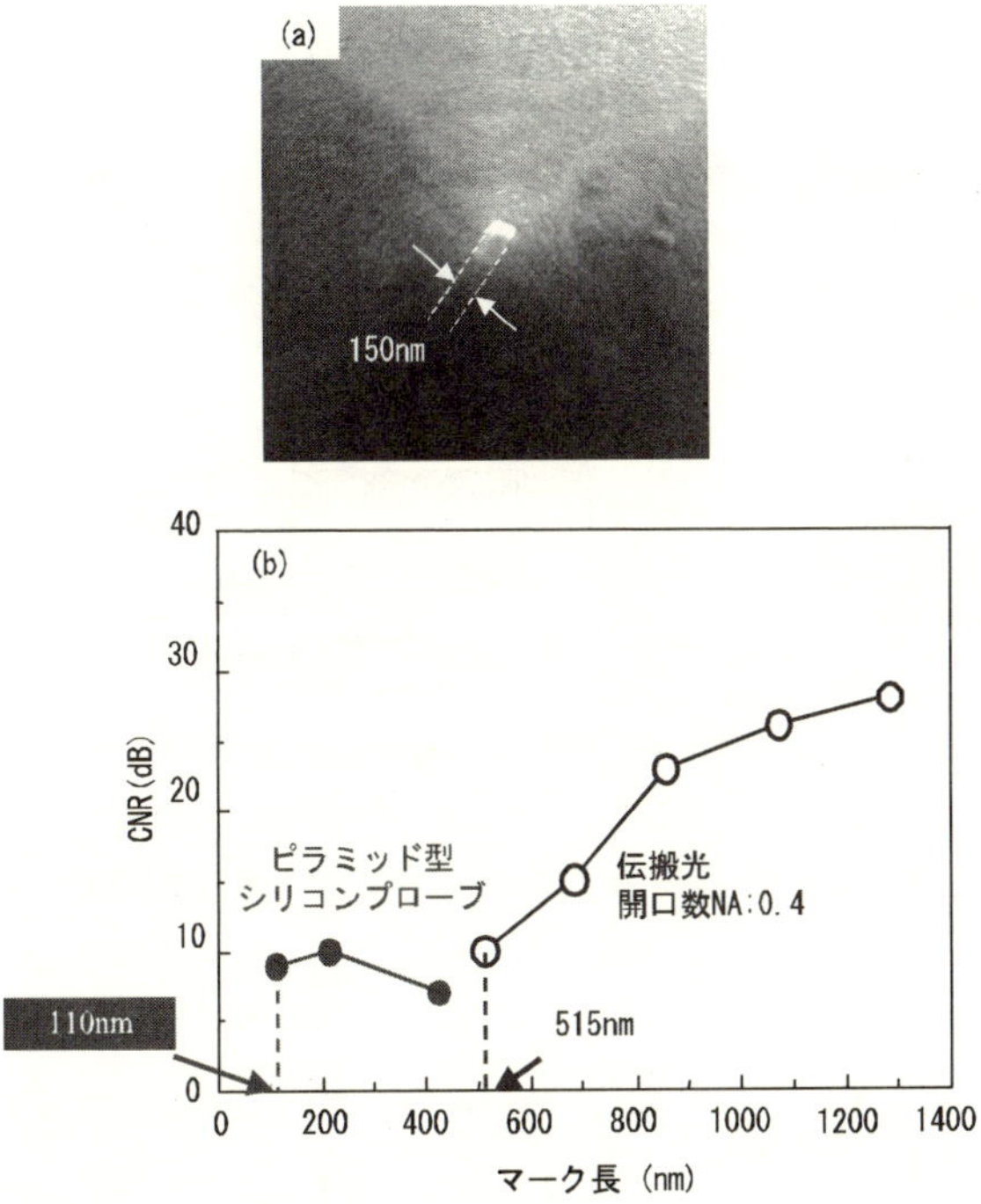


**図 4.13**　(a) 記録･再生実験に用いた PSPA、(b) CNR とマーク長の関係。黒丸：PSPA による近接場光を用いた場合、白丸：対物レンズによる伝搬光を用いた場合(9)

以上のように、ＭＥＭＳ技術を使った非常に優れた近接場光プローブ・

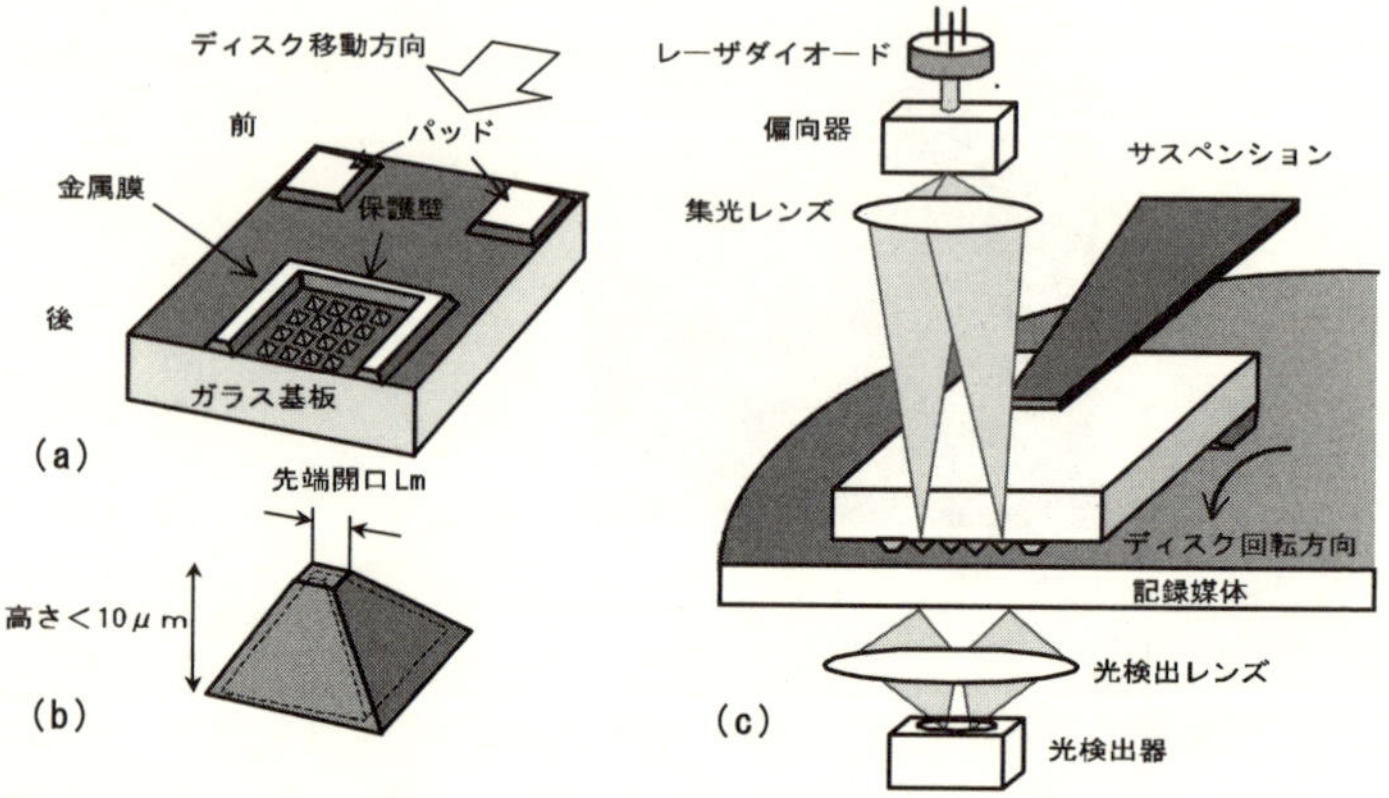


図 4.14　(a) PSPA をもつコンタクトスライダ、(b) PSPA、(c)本スライダを用いた光メモリシステム(9)

スライダを試作することができました。全般的に見て、ＭＥＭＳ技術と近接場光学は非常に相性がよいと思います。もともと光の偏向を行うＭＥＭＳデバイスが数多く開発・実用化されているくらいで、光とＭＥＭＳの相性はよいのです。ただし、従来は大きさが数十から数百マイクロメートルのものがほとんどで、光学的には伝搬光の領域だけでした。これからはナノフォトニクスとの組み合わせで、多くの重要な研究成果やデバイスが出てくる非常に有望な分野だと思います。泥臭い加工プロセスと根気のいる近接場光学の実験、そしてエレガントなナノフォトニクスの理論と幅広い知識・能力が必要なので、かなりの修行がいりますが、チャレンジしてみる価値はある分野だと思います。

## 第四節　ＴＢ光メモリ記録媒体の課題

ＴＢ光メモリ実現のために克服しなければならない

課題は、いままで述べてきた近接場光を発生させるプローブだけでなく、ほかにもたくさんあります。その中でも特に重要なものが記録媒体です。

先に、伝搬光で一テラビット／平方インチを実現するには波長が五〇ナノメートルの光が必要ということを書きましたが、このときに記録媒体に照射される光のスポット径もおおむね五〇ナノメートルになり、記録されるマークの大きさは三〇ナノメートル程度になります。つまり、ひとつの平面内に一テラビット／平方インチの密度で情報を記録しようとすると、ひとつのマークの大きさは三〇ナノメートルになってしまいます。面積にして従来の光ディスクの一〇〇分の一以下です。これが大きな問題になります。

相変化記録材料の場合は、結晶フィールドの中にアモルファスマークが描き込まれているのですが、この境目では結晶状態からアモルファス状態に急に変化しているのではなく、その中間状態のいわゆる遷移領域が存在します。これは小さいほどよいので、そのようになるように工夫はされているのですが、やはり存在します。従来の光ディスクでのマークの大きさでは、この遷移領域は無視できたのですが、マークの面積が一〇〇分の一になりますと、相対的に遷移領域の占める割合が多くなります。つまり、マーク周辺のボケの占める割合が相対的に大きくなり、いわゆるマークのキレが悪くなるのです。これは再生時の信号の劣化につながります。

さらに、記録したマークがいつの間にか消えてしまうという問題があります。磁気記録材料の場合、磁化したマークの磁化方向が不安定になり、消えてしまうという磁気緩和現象ということが起こります。これに対する対策として、マーク一個一個を孤立したものにして周囲のものから切り離す、いわゆるナノ・パターンド・メディアと呼ばれているものがあり、その作製方法や特性が盛んに研究されています(10)。

それからもうひとつ。原子一個の大きさは大体〇・一〜〇・二ナノメートルです。四元系の相変化材料の場合、乱暴ですが、四種類の原子が一組として、その大きさは〇・六ナノメートル程度になります。ですから三〇ナノメートルのマーク直径に、四種類の原子が五〇組しか並んでいないことになります。また、追記型（write once）の有機色素は一分子が数十の原子からなっており、三〇ナノメートルのマーク直径に、数個程度の分子しか並んでいないことになります。従来の物理のさまざまな物質の性質を表す定数（屈折率、誘電率など）は原子や分子が無数にある状態で測定されています。固体物理のバンド理論なども原子が無数にあることを前提にしています。ところが、分子や原子が数個から数十個しかない集団で、これらがどのような振る舞いをするか、またその物理定数がどうなるか、よくわかっていません（このような領域をメゾスコピック領域といいます）。

ＴＢ光メモリを実現するためには、このような物性の特性の根本的な定義まで考え直さなければならない、非常に深遠な学問まで必要になってきます。

このように、ＴＢ光メモリは全体の寸法を単に小さくしていくというだけでなく、少々大げさかもしれませんが、まったく未知な領域に踏み込んでいかなくてはならない技術といえます。大変ですが、非常にやりがいのある分野です。特に、若い方たちの野心的な研究開発に期待したいところです。

## 第五節　ＴＢ光メモリの候補

ここまでは、主に近接場光プローブ・スライダと相変化記録材料の組み合わせについてお話してきましたが、これ以外にもＴＢ光メモリの候補がありますので、少しご紹介します。

### (1)　近接場光アシスト磁気記録 (11、12)

近接場光プローブと磁気記録を組み合わせたものです。先に述べた磁気緩和現象を防ぐためです。常温で磁化できる磁性体は磁気が消えやすく、逆に磁化しにくい磁性体は磁気が消えにくいのですが、常温では強力な磁場をかけないと磁化しにくいのです。ところが、温度（おおむね三〇〇度Ｃ以上）を上げてやると磁化しにくい磁性体も磁化しやすくなります。そこで、この磁化しにくい磁性体記録材料を近接場光で温めて記録しやすい状態にして、記録用磁気コイルヘッドで磁界をかけて記録する方法が考え出されました。これが近接場光アシスト磁気記録です。磁性体記録材料が冷えたあとは常温で再生専用ヘッドにより再生を行います。したがって、磁気緩和現象により磁気が消えるということがありません。この技術は米国や日本で国家プロジェクトになり、研究開発が進められています。

第一節の最後に、ＴＢ光メモリではなく、ローカルなＴＢＨＤＤを使えばいいのでは、と考える方もおられるかもしれないと書きましたが、ライバルであるはずのHDD技術が、実は光ディスク側の先端技術（つまり近接場光技術）に期待をかけている、というのが現状です。やはり近接場光の技術を使わなくては、これからのストレージ分野の技術革新は難しい、ということだと思います。

(2) **Super-RENS**[13]

相変化光ディスクの記録層の上下に **AgOx** 層を積層した構造をもつ光ディスクです。伝搬光のレーザ光が照射された部分の **AgOx** 層が分解して銀の微粒子が一時的にできて、この周辺に近接場光が生じて回折限界を超えた記録再生ができるというものです。

(3) ホログラフィックメモリ

干渉性の高いレーザ光を用いて、記録膜にホログラムを作成し、情報記録をしていくものです。従来は参照光と信号光の二つの光が空間的に分離されていました。このため光学系が複雑になることや、二つの光の位置ずれが生じることにより安定した記録ができないなどの問題がありました。しかし最近、日本のベンチャー企業が参照光と信号光を空間的には同軸上であるけれど偏光によりこれを分離する方式を開発しました[14]。

(4) 三次元光メモリ

これは現在の光ディスクを多層に積層したもので、単純にいうと、層数倍だけ記憶容量が増えます[15]。狙いの層だけに記録するために、高いパワーのフェムト秒レーザを使います。一フェムト秒とは $10^{-15}$ 秒のことです。パルス尖頭値のパワーが数キロワットで、レンズが焦点を結んだ層だけ光パワー密度が非常に高くなるため、この層だけで二光子吸収という現象が起きて、マークが記録できます。記録材料には、この二光子吸収のときだけ光を吸収して反応する材料を用います。他の層では光パワー密度が低いので二光子吸収は起きずレーザ光を透過するのです。パルス幅は数百フェムト秒と短いので、記録材料が熱で焦げることなくこのようなことができるのです。

上記(2)〜(4)の方式はスライダを使っていないので、ゴミに強く、光ディスクを着脱してもち運べる、いわゆるリムーバビリティーを確保できることが特長です。

## 第六節　最後に

ここまで、「高密度記録の限界への挑戦」ということでお話してきました。総じていえることは、ＴＢ級の光メモリをいままでの技術の延長線上で実現することは不可能だということです。いままでの物理的な概念を根本から見直すくらいの新しい概念や発見が必要だと思います。すでにナノフォトニクスでないと現れない特有の現象も見つかりつつあります(16、17)。ＴＢ光メモリを実現するには、これらの新しいナノフォトニクス特有の現象や効果と一見無関係に見えそうなメモリというアプリケーションとを結びつけられる鋭い嗅覚や勘が必要です。

それからナノフォトニクスだけではなく、加工プロセスのほうでも、ナノインプリンティング、ソフトリソグラフィ、ミクロ層分離など、新しいナノメートルオーダの加工方法がどんどん現れて研究されています。

ナノフォトニクスの原理・理論、これを実現するための作製技術、ＦＤＴＤ（Finite Difference Time-Domain Analysis）に代表される計算設計技術とこの分野の役者がそろいつつあります。いよいよナノフォトニクス時代の幕が開けつつあるというのがいまの状況ではないでしょうか。

多数の、常識にとらわれない野心的な研究者、技術者がこのナノフォトニクス、ナノテクノロジーの分野で活躍していただけることを待ち望んでいます。そのような方々を、この本の著者をはじめ、ナノフォトニクスに携わるもの皆が期待し、歓迎します。

## 参考文献


(1) （財）光産業技術振興協会編、光テクノロジーロードマップ報告書—情報記録分野—、（財）光産業技術振興協会、p.18 (1998)

(2) 尾上守夫監修、光ディスク技術、ラジオ技術社（平成元年）

(3) H. Miura, Y. Hayashi, S. Fujita, K. Ujiie, and K. Yokomori, Recording of 0.1 micron minimum domain size in a new phase change media, ODS2000, Proc. SPIE vol.4090, pp. 102-107 (2000)

(4) N. Toyoshima, T. Kawasaki, M. Ohtsuka, J. Takahashi, T. Yatsui, M. Kourogi, and M. Ohtsu, Recording/Readout/Erasing on Phase-Change Optical Media with apertured Fiber-Probe, Proc of the $6^{th}$ International Conference on Near Field Optics and Related Techniques (nfo-6), pp.179 (2000)

(5) 大塚正也、川崎俊之、豊島伸朗、高橋淳一、八井崇、興梠元伸、大津元一、相変化型光記録媒体のSNOM観察、第四十七回応用物理学関係連合講演会　講演予稿集（2000.3 青山学院大学）、30p-ZA-15
(6) 斎木敏治、柚須圭一郎、市原勝太郎、田所利康、微小開口プローブによる近接場反射モード測定、第四十七回応用物理学関係連合講演会　講演予稿集（2000.3 青山学院大学）、30p-ZA-9
(7) 林嘉隆、福田浩章、三浦博、高田将人、高橋淳一、横森清、100nm 長アモルファス相変化記録マークの近接場光顕微鏡による観察、第四十九回応用物理学会関係連合会講演会　講演予稿集（2002.3 東海大学湘南校舎）、29p-ZH-6
(8) T. Yatsui, M. Kourogi, K. Tsutsui, J. Takahashi, and M. Ohtsu, Subwavelength-sized phase-changed recording with a silicon planar apertured probe, Proceedings of Far- and Near-Field Optics, Physics and Information Processing, 76-8 (1999) 4
(9) T. Yatsui, M. Kourogi, K. Tsutsui, M. Ohtsu, and J. Takahashi, High-density-speed optical near-field recording-reading with a pyramidal silicon probe on a contact slider, Optics Letters, Vol.25, No.17, pp.1279-1281 (2000)
(10) K. Asakawa, T. Hiraoka, H. Hidea, M. Sakurai, M. Kamata, K. Naito, J. Photopolym. Sci. Tecno., 15, 465 (2002)
(11) T. Rausch, J. Bain, D. Stancil, and T.E. Schlesinger, Near Field Hybrid Recording with a Mode Index Waveguide Lens, Proc. SPIE, Vol.4090 Optical Data Storage, p.66 (2000)
(12) H. Saga, H, Sukeda and M. Takahashi, Jpn. J. Appl. Phys. 38, Part 1, 1839 (1999)
(13) J. Tominaga, Digest ISOM2000, Sept. 5-9, 2000, Chitose, p.198

(14) 堀米秀嘉、偏光コリニアホログラフィー、MICROOPTICS NEWS, Vol.20, No.3, pp.45-50(2002)
(15) 河田聡編、ここまできた光記録技術―光記録産業の巨大化へ向けて、工業調査会（二〇〇一）
(16) 川添忠、ナノフォトニクスデバイスとその集積化、OPTRONICS, No.11, pp.132-137 (2002)
(17) 八井崇、近接場光によるナノ構造堆積、OPTRONICS, No.11, pp.162-165 (2002)

# 第五章　マイクロマシンの限界への挑戦

日暮栄治

## 第一節　マイクロマシンの誕生

光の微小化、すなわちナノフォトニクスに関わる基盤技術のひとつに、機械の微小化、マイクロマシンがあげられます。微細加工技術（マイクロマシニング）はこれらに共通の製造技術であり、微小光学、微小機械、集積回路、微小化学を集積するようになりました。従来技術では成しえなかった機器の高機能化、高信頼化、軽量小型化、低価格化、省エネルギー化を実現し、機械の質的な変化をもたらしました。日本では一般的にマイクロマシンと呼んでいますが、米国ではメムス（MEMS：Micro Electro Mechanical Systems、微小電気機械システム）と呼ばれています(1)。

実はこのマイクロマシンの世界は、四〇年以上も前に物理学者のファインマンによって予言されています。一九五九年にファインマンは、「微小な世界には大きな可能性が秘められている（There's Plenty of Room at the Bottom）」と述べ、コンピュータと機械がひとつになった小さな機械を作ることが可能であり、その機械はいろいろな分野で多目的な用途に利用できると提唱しています。二十一世紀に入り、実際にそういう時代になってきたのですからファインマンの先見性というのはすごいものです。しかし、当時は発想の段階にとどまり、作るための技術的な基盤はまだ整っていませんでした。

一九七〇年代からは半導体圧力センサなど機械的な構造と半導体技術を融合したセンサの研究が

始まり、一九八〇年代後半に米国のＡＴ＆Ｔベル研究所（トランジスタの発明などで有名）やカリフォルニア大学のバークレー校などにより、シリコン基板にギア、モータなどが作られました。たとえば、直径一二〇マイクロメートル（一マイクロメートルは一〇〇〇分の一ミリメートル）という微小な静電マイクロモータです。髪の毛の太さが五〇～一〇〇マイクロメートルですから、どのくらい小さなものであるかわかると思います。このようなマイクロマシンの開発が可能となった背景には、コンピュータの小型化をうながした半導体集積回路（ＩＣ）技術の発展があります。この二次元的な半導体微細加工技術を発展させて微小な三次元構造や可動の機械部品を一括生産（バッチファブリケーション）するマイクロマシニング技術が急速に発展していきました。

マイクロマシンの研究には、高価な微細加工装置が必要です。このほかに、クリーンルーム設備やシランガスなどの特殊ガスの供給、安全設備などのユーティリティが必要になります。これらが研究の広がりを妨げていました。米国では一九九三年に国防総省高等研究計画局(DARPA : Defense Advanced Research Project Agency）の下、マンプス（MUMPS : Multi-User MEMS Processes Service）と呼ばれる試作サービスが開始され、国の資金援助による低価格と高い汎用性からマイクロマシン研究開発を発展させてきました。

一方、欧米に比べて日本ではこのようなマイクロマシンの受託加工サービスは立ち遅れていましたが、一九九九年より試作サービスを開始する企業が出現し、現在は試作から量産までの委託が可能となりつつあります。二〇〇二年には、ファンドリー企業七社によるＭＥＭＳファンドリーサービス産業委員会が組織化され活動が開始されています（http://fsic.mmc.or.jp/）。

一九九〇年代から始まった米国におけるエレクトロニクス産業の未曾有の好景気にもあと押しされて、米国を中心に研究が進展してきました。米国では大学とベンチャ企業との共同開発も活発に行われています。マイクロマシン分野は新しい研究分野であり、それを研究する人も若く熱意にあふれています。二〇〇〇～二〇〇一年のＩＴバブルのときには、米国ですさまじい人材獲得競争が行われました。大学ではベンチャ企業に大学院生が取られて研究室の運営が大変になり、国際会議ではベンチャ企業に忙しい学生の代わりに指導教官が発表するような一幕もみられました。

マイクロマシン技術は直接目に触れないところで、すでに産業のすみずみにまで浸透しようとしています。商業的に成功した代表的な例が、自動車のエンジン制御用圧力センサやエアバッグ、アンチロックブレーキシステム用の加速度センサ、インクジェットプリンタのヘッド部などです。特にエアバッグに使われている加速度センサが自動車の過酷な環境に耐えていることで、この技術の信頼性が証明されています。今後、光スイッチ、データ記録などの情報通信関係、機械的共振子フィルタなどの高周波関係、ＤＮＡチップなどのバイオ関係でマイクロマシン製品が増大すると予想されます。以下では、特に光マイクロマシン技術についてこれまでの急速な発展の一端を紹介するとともに、将来の研究開発の方向と展望について述べていきたいと思います。

## 第二節　光技術とマイクロマシン

マイクロマシン技術は、光技術とも融合していきます(2〜4)。これは、機械が微小化し、ますます光との相性がよくなってきたことがあげられます。マイクロマシンは非力（発生力が小さい）ですが、光ビームの制御に力はほとんどいりません。従来、光学実験で使用されているミラーをマイクロマシニングで小さく作れば、大きな駆動力は必要なくなります。また、小型化すればより軽量になり、高速動作が可能になります。耐衝撃性も向上します。熱膨張は長さに比例するので、サイズの小さいマイクロマシンでは熱膨張による光学系への影響も小さくすることができます。扱う光ビームや光部品（半導体レーザや光ファイバなど）のサイズ（〜数百マイクロメートル）もマイクロマシンの寸法（〜数ミリメートル）に適しています。さらに、マイクロマシンの変位量は非常に少ないが（〜数十マイクロメートル）、光の波長を基準とした光学現象（たとえば干

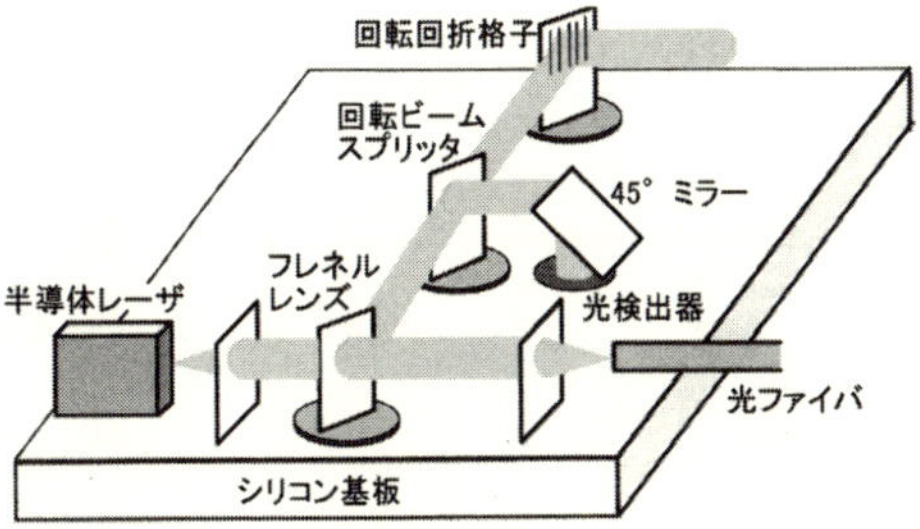


**図 5.1**　シリコン基板上の自由空間に微小光学素子を配置したマイクロ光学ベンチの概念図。素子間の距離を極端に小さくできるため、振動ノイズ、空気ゆらぎによる位相ノイズを大幅に低減できる。

渉など）の制御には光の波長程度の変位でさまざまな特性が得られます。また、微小領域で光ビームを取り扱うため損失が少なく、導波路や光ファイバだけでなく微小な自由空間を伝搬媒質として利用できるようになりました。

このようなシステムには光軸合わせの機構もアクチュエータとともに組み込めるため、精密機器で問題となる組立工程の煩雑さが解決できると期待されています。光学定盤の上にクランプなどの支持部品でレンズやミラーなどを支えて実現していた高精度な光学システムが、シリコン基板上にワンチップでできる可能性があります（図５・１）。

以下では、これまでの光マイクロマシンの代表的な例を見てみましょう。ここで用いられている光は従来の伝搬光ですが、将来は近接場へのアクセス手段としてマイクロマシン技術はナノフォトニクスを支える基盤技術となるでしょう。

## 第三節　実際の光マイクロマシン

### ディスプレイへの応用

製品化されているものとしては、たとえばプラス株式会社などから発売されている、パソコンを接続してプレゼンテーションに使われる携帯型プロジェクタがあります。重さは約一キログラムで大きさはＡ５サイズのものも発売されています。従来のように光を液晶に透過させるのではなくて、テキサスインスツルメンツ社の開発したデジタルマイクロミラーデバイス（DMD）という微小な（一六マイクロメートル角）アルミニウムの鏡に反射させて映像を映します[5]。図5・2(a)に、デジタルマイクロミラーデバイスの模式図を示します。ミラーは光をプラス一〇度またはマイナス一〇度の方向に反射することができます。スタティックランダムメモリ（SRAM）上に配置されており、電気／機械／光学機能が一個の半導体チップ上に集積されたものといえます。

マイクロマシンの特徴は、フォトリソグラフィで作製するため、多数の要素を配列されたアレイ構造が容易に実現できることにあります。このため多数の鏡（数十万個以上）を独立にしかも高速（一〇マイクロ秒以下）に動かすことができます。鏡は非常に強い光でも反射させることができるので携帯型プロジェクタから、液晶ディスプレイでは不可能な大画面ディスプレイにも適用できます。もはや、映画にも一〇〇年以上使われてきたフィルムがいらない時代になってきました。すでに、ハードディスクに収められているデジタル化された映画のデータがマイクロミラーを使ってスクリーンに映し出される映画館（デジタルシネマ）が登場しています。

このデジタルマイクロミラーデバイスは一九七八年にテキサスインスツルメンツ社のホーンベック博士により発明され、その商品化は一九九二年から本格的に開始されました。図5・2(b)に示すように、初期のマイクロミラーは信頼性に問題があり、寿命は一〇時間程度でした。その後、マイクロミラーの寿命はパッケージング、プロセス技術の改善により一〇〇～一〇〇〇時間となり、さらに駆動シーケンスの改善により一万時間に届き、ストッパーとなるスプリングチップの発明によ

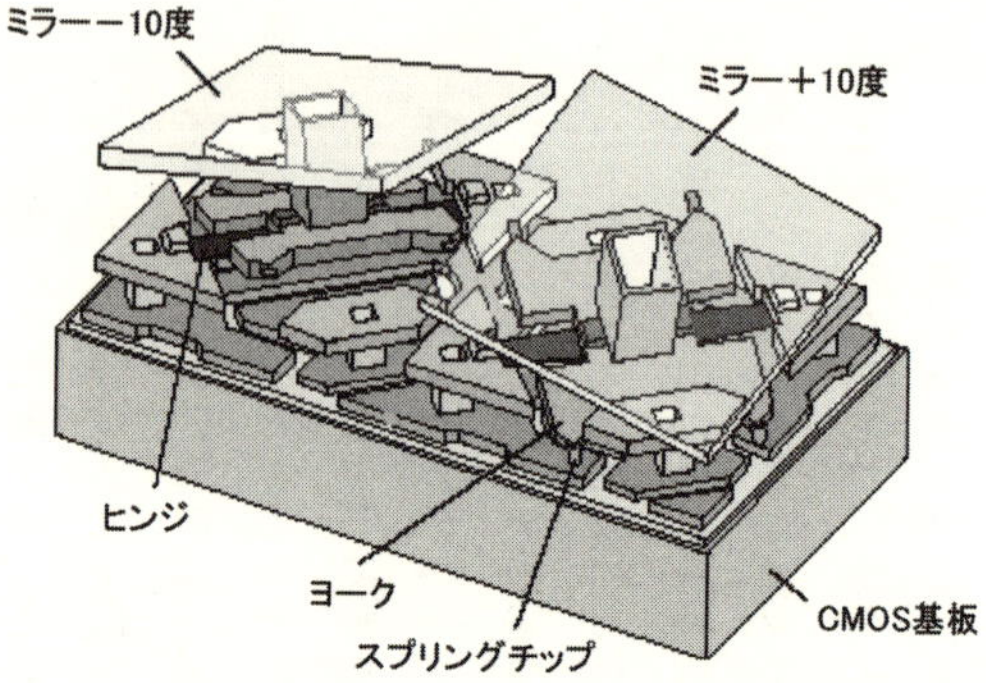


(a)

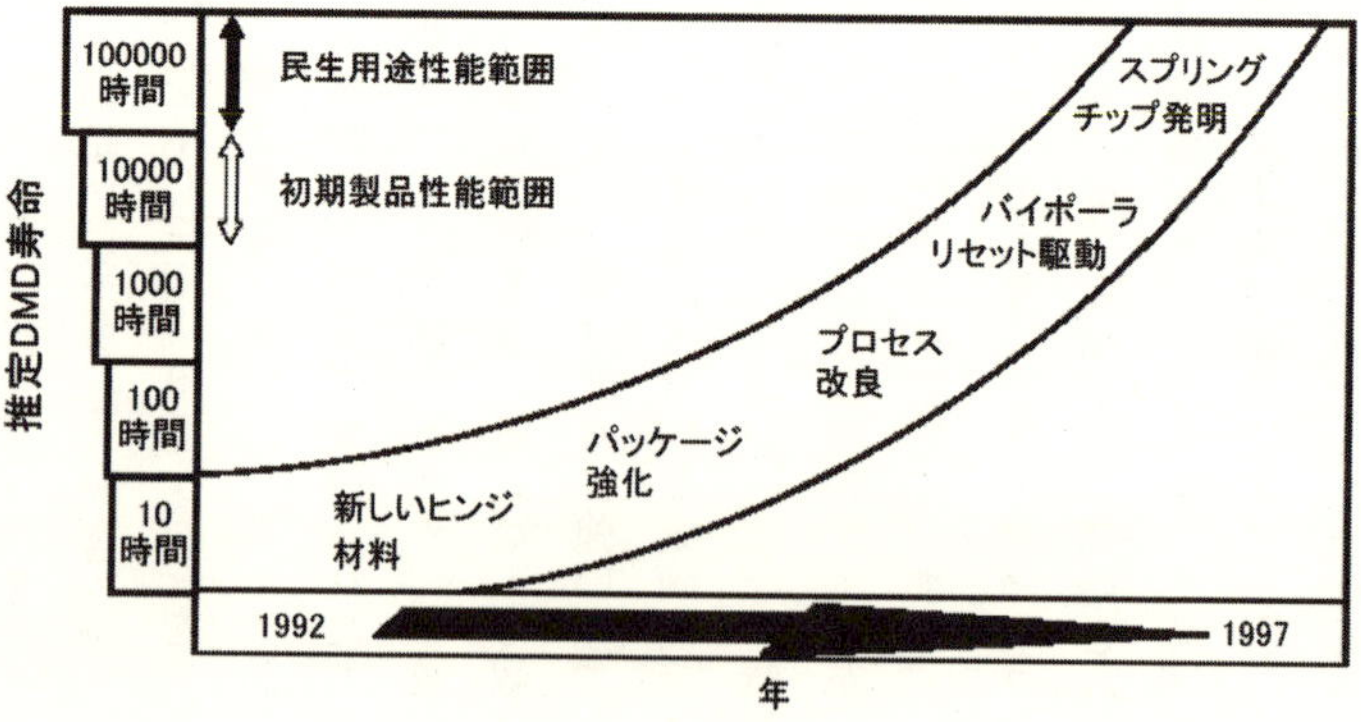


(b)

図 5. 2　デジタルマイクロミラーデバイス（DMD）。(a) テキサスインスツルメンツ社が発表したDMDの画素の模式図。CMOS回路上にミラーが搭載されている。ひとつの画素は16 μ m角のアルミニウムのミラーからできている。ミラーは、メモリに印加された電圧で吸引されて±10度傾き、入射光の反射角を制御する。(b) 信頼性開発と寿命改善

り表面付着の問題を解決して一〇万時間の範囲（ミラーの駆動回数でいえば一兆回以上）にまで改善されています。マイクロマシンデバイスにおいて、パッケージングコストの占める割合は、五〇～八〇パーセントといわれており、大きな課題となっています。このため、チップ化前にウエハレベルで接合封止しパッケージを行う（バッチプロセスパッケージング）などのコスト低減が必要とされています。

デジタルマイクロミラーデバイスはいまでこそ莫大な利益をもたらしていますが、日の目を見るまでの約二〇年間、企業はその研究を支えきったわけです。通常、企業での研究開発は、数年ごとに上司が代わるため、その上司が認めない限り、続けることはできません。マイクロマシンデバイスには、「可動構造があるデバイスは、脆く壊れやすいため最後は商品にならないよ」という意見も数多くあります。その中で、貫き通すのは、粘り強い勇気を必要とします。これはなかなかできるものではありません。

**光スイッチへの応用**

さらに、情報通信分野では光ネットワークに用いられるマイクロマシン光スイッチが期待されています。近年、インターネットの普及によりネットワークの情報伝送量は爆発的な増加を続けています。それに対応するために、遠隔地を結ぶ長距離通信では光ファイバでデータを送って伝送能力の大容量化を図っています。さらに、家庭まで光ファイバを接続するＦＴＴＨ（Fiber To The Home）

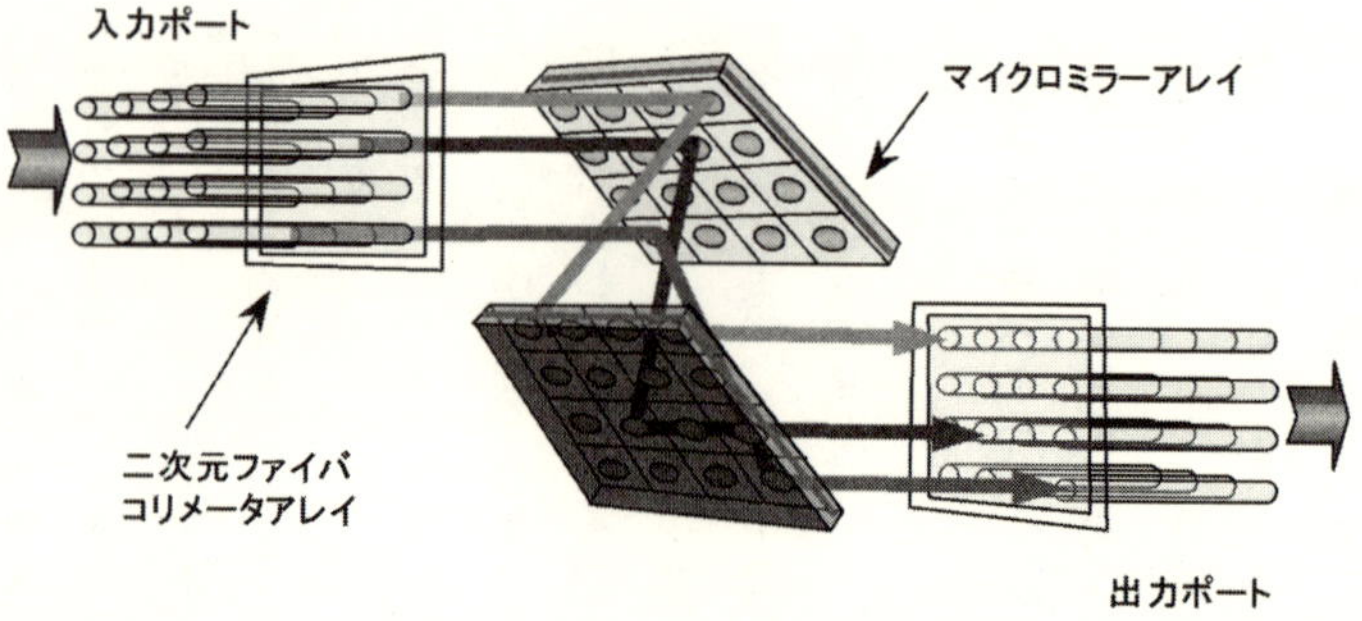


図 5.3　微小な鏡を利用したマイクロマシン光スイッチの模式図。光ファイバを伝わる信号がマイクロマシン技術で作製した微小な鏡で反射され、別の光ファイバに送られる。

も進められています。しかしながら、快適な通信環境を実現するためには、伝送路の大容量化だけでなく伝送路同士を結ぶノード(結節点)の大容量化を測る必要があります。なぜなら、伝送路を大容量化すればするほど、ノードでの情報の渋滞が起こる可能性が高くなるからです。現在用いられているスイッチ（交換機）では、光信号を直接切り替えるのではなく、光信号をいったん電気信号に置き換えて経路の選択を行っており、これがノードの大容量化へのネックとなっていると見られています。

電子素子の処理速度は向上し続けていますが、光素子の性能向上はそれをはるかにしのぐ勢いで進んでいます。どんなに高速の演算処理装置をもつ電子交換機を使っても、いずれは膨大な光信号を処理できなくなってしまいます。そこで、光-電気あるいは電気-光変換によってデータ転送速度が低下することを避け、光信号を直接処理する新しいスイッチが必要になります。その有力な方式としてマイクロマシン技術を活用した微小ミラーが期待されています。

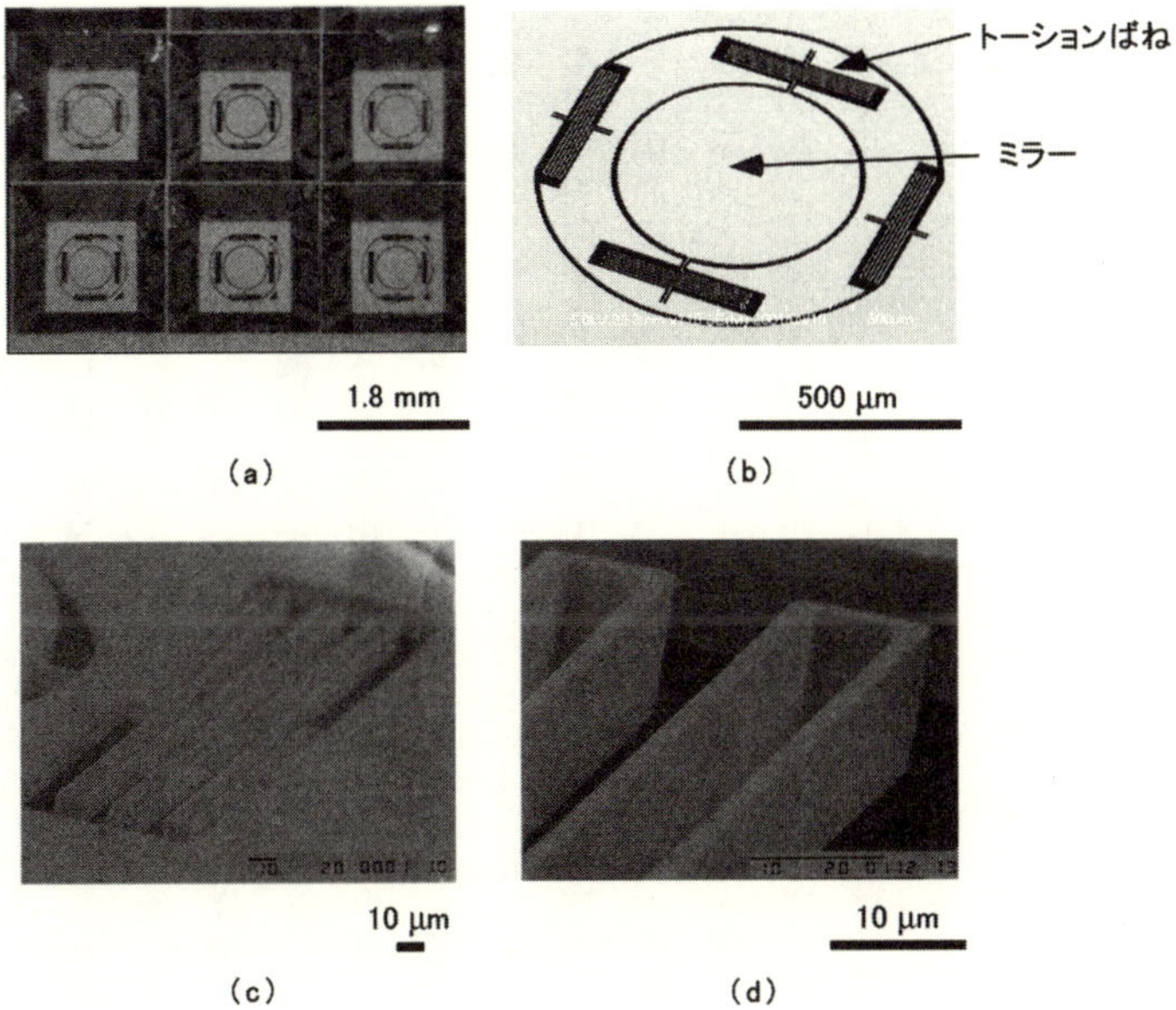


**図 5.4**　光スイッチ用マイクロミラーアレイ。(a) ミラーアレイ写真、(b) ミラー本体 SEM 写真、(c) ばね部写真、(d) ばね一部拡大写真

マイクロマシン光スイッチは拡張性に富み、消光比が大きく、また波長に依存しないなどの優れた特徴をもっています。

三次元マイクロマシン光スイッチの模式図を図5・3に示します。一対のマイクロミラーアレイと光ファイバコリメータアレイから構成されています。入力ポートからの光をマイクロミラーにより反射させ、任意の出力ポートへ導きます。一例として、NTTで開発された光スイッチ用マイクロミラーアレイを図5・4に示します。これまでのミラーは厚みが薄いため、熱応力や高速運動で変形し、反射光の品質を劣化していました。単結晶シリコンを用いることにより、光学的にも機械的にも高品質な可動ミラーを実現しました。

マイクロマシンにはシリコン材料が多く用いられています。シリコンはＩＣ素材として完全結晶に近いものが大量に作られています。地球上の約二五パーセントを占める豊富な資源で尽きることがありません。シリコンは、アルミニウムより軽量でステンレス鋼より三倍ほど引っ張り強度が強いという優れた機械的性質をもちます(6)。四〇〇度Ｃ以下では塑性変形もありません。一般的に単結晶材料では小さな構造物ほど、結晶欠陥が少なく破壊強度は高くなります。マイクロミラーには材料として多結晶シリコン（ポリシリコン）を用いたものと単結晶シリコンを用いたものとがありますが、光学的な品質と機械的な信頼性の観点から単結晶シリコン製が主流になっています。

ＮＴＴで開発された光スイッチ用マイクロミラーアレイは、ストレスの影響を均等にするためにミラー両面に金を同じ厚さで堆積させて、ミラー直径五〇〇マイクロメートルに対してそり一五ナノメートルと、極めて高い平滑性を実現しています。ミラーは静電引力を利用して回転させます。二枚の板（電極）の間に電圧を加え、静電引力で両者を引き寄せる駆動方法が最も構造が簡単なため多く用いられています。一定の電圧を加えた場合、静電引力は電極の間隔の二乗に反比例します。そのため、電極が動けば動くほど間隔が狭くなり、さらに強い力で引かれることになります。最初の間隔の三分の一以下の動きは安定に保てますが、それ以上動かすと不安定になって両方の電極がぴったりとくっつくまで一気に動いてしまい（プルイン）、制御することができなくなります。

ミラーの下には駆動するための電極があり、電極は徐々に細くなる階段状ピラミッド構造とし、低電圧駆動を実現しています（一〇〇ボルト以下で五度の回転角）。スイッチング時間は数ミリ秒です。機械的に可動するスイッチというと遅いスイッチを想像するかもしれませんが、ミクロになるとそうでもありません。寸法を小さくしていくと、共振周波数が上がり、機械的な応答が速くなります。オンオフ（デジタル）型のスイッチでは数十ナノ秒と高速なものもあります。適用する応用にもよりますが、光通信システムへの導入を考えたときの最低限必要とされる切り替え時間は一〇ミリ秒です。ばねは、つづら折り形状によりばねを柔らかくすると同時に、断面を高アスペクト比（構造の幅に対する高さの比、どれだけほっそりしているかを示す値）にすることにより、上下方向に剛性をもたせた構造になっています。

このような新たなデバイスを実現するためには、作製工程の整合性を保ちながら提案した構造をいかにして実現するかが重要となります。マイクロマシンでは製造プロセスが多様かつ複雑で半導体のＣＭＯＳプロセスのような標準プロセスは存在しません。デバイス設計がプロセスと関係するため、プロセスを分離してデバイス設計を行うことが非常に難しいのです。このため、製造プロセスを考慮せずに設計されたデバイスの構造はしばしば実際に製造できないことがあります。また、プロセスの問題で一番多いのが、あとで説明しますがスティッキングと呼ばれるマイクロマシン特有の問題です。マイクロマシンの部品間に入っている液体を乾燥させるときに部品が表面張力で吸着し壊れてしまうのです。このような課題を試行錯誤のプロセスを繰り返しながら解決し、デバイスは作られます。

ミラーの角度制御も課題があります。作製した個々のミラーにはばらつきがあるため、現状では最初にすべてのミラー特性を測定して、メモリに入れておくというキャリブレーションが行われています。しかしながら、大規模ミラーではこのキャリブレーションも大変な課題になります。たとえば、一〇〇〇×一〇〇〇のスイッチを考えてみましょう。$10^6$の組合せが考えられます。ミラーは図5・3に示すように、二個のペアーでひとつの接続をキャリブレーションすることになります。一個のミラーは直交する二軸を中心に回転する二自由度ミラーで四個の電極で駆動されます。仮に、このひとつの接続キャリブレーションを一〇秒で行ったとしても、トータルでは$10 \times 10^6$秒かかるのです。これは、一一五日にあたります。いかにこのような作業を簡便にするかが大きな課題なのです。まだ多くの解決すべき課題をかかえているものの、現状では大規模光スイッチに関しては光マイクロマシン技術がほとんど唯一の実現可能な手段と考えられています。

### センサへの応用

マイクロマシニング技術によりさまざまなアクチュエータ（駆動装置）が実現されるようになりました。このようなマシンの仕事の中身を左右するのは、その可動部の位置決め精度であるケースが多くあります。たとえば、ナノ寸法の近接場光がマイクロマシンを通してナノ領域の特定の場所にアクセスするためには、非常に高精度な位置決め技術が要望されます。しかしながら、マイクロアクチュエータは一般に繰り返し精度が悪く応答が非線形な場合があります。たとえば、ナノメートルの位置決めでよく用いられる圧電（ピエゾ）アクチュエータ（電圧をかけると長さが変化する材料を用いた駆動方法）は、ヒステリシス（電圧を上げていくときと下げてくるときの変位が異なる）やクリープ（一定に電圧を保っていても変位がゆっくりと変化してしまう）などの現象のため、高精度に動きを制御するときには、フィードバック制御するためのセンサは欠かせません。すなわち、センサが内蔵されたマイクロマシンは付加価値が高まります。

エンコーダは、スケールの目盛を基準に変位を計測するセンサです。ディスクに放射線状に刻まれた目盛を用いることにより回転角の検出も可能です。スケールの熱容量が大きいので短時間の温度変化の影響を受けにくいという特徴があります。このようなセンサは機器に組み込まれアクチュエータなどと組み合わせてはじめて性能を発揮するものであり、小型・軽量化が特に要求されています。

シリコン基板上に形成した高次回折光干渉方式に基づくマイクロエンコーダ（三ミリメートル×二ミリメートル）を紹介します。超小型かつ信号周期の短い超高精度マイクロエンコーダ（図5・5）を実現するために、位相シフト効果の大きい高次の回折光を用いています。ここでは、図5・5(a)に示すように、スケール（回折格子）からのプラス・マイナス三次回折光をマイクロ回折格子で重ね合わせて干渉させています。そうするとスケールの一ピッチ（三・二マイクロメートル）の移動に対して、干渉強度は六周期変化します（光学六分割）。原信号の周期が短いため、少ない分割数で十分な分解能が得られます。原信号を電気分割することによりナノメートルオーダの分解能で、アクチュエータの変位を測定できます。可能な限り小型にするために、大きな装置で用いられているような個別部品をできるだけ削除しています。たとえば、干渉光を作る二本のビームを得るために、既存の装置に用いられているビーム分割用のビームスプリッタなどの光部品を使わず、半導体

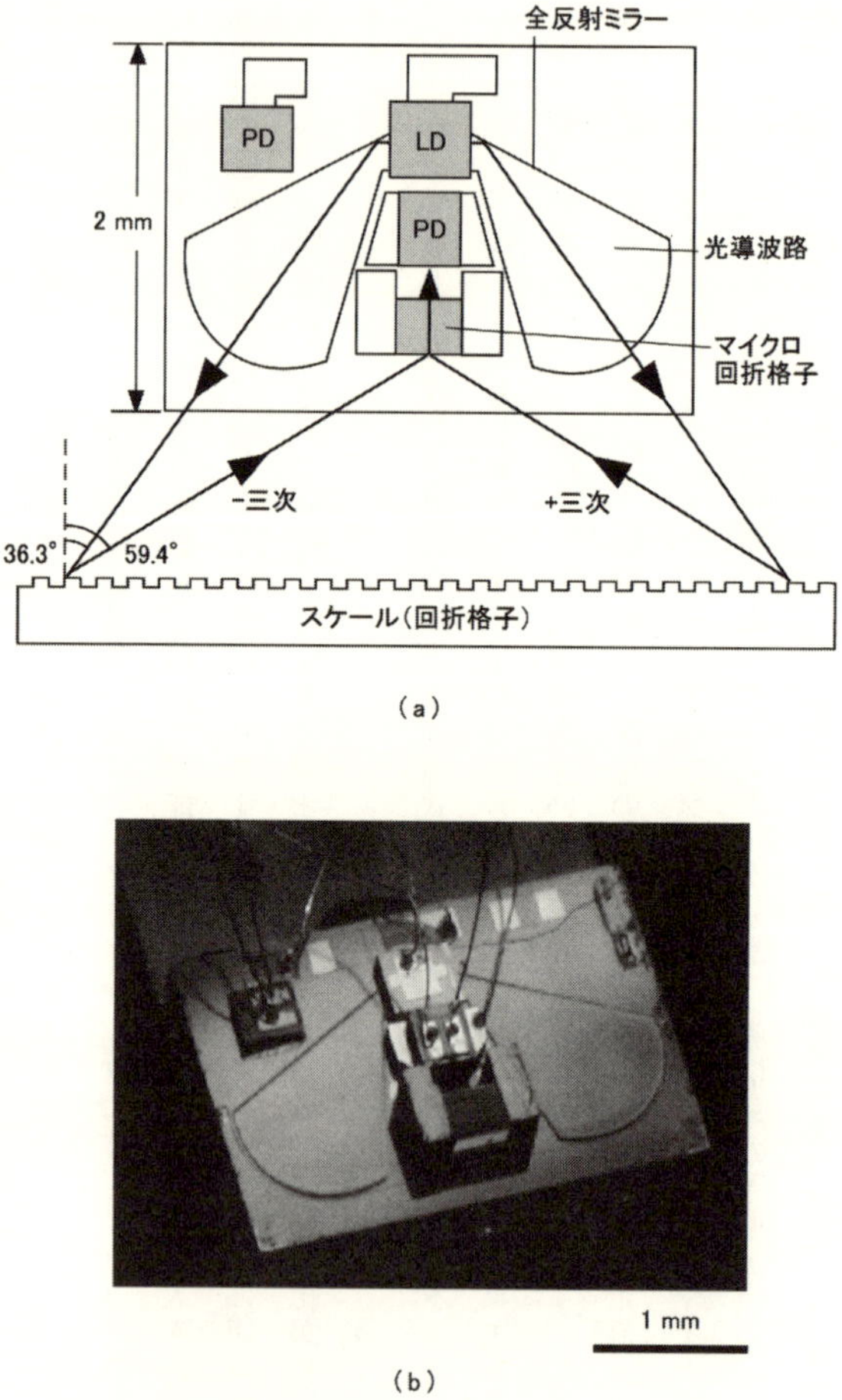


**図 5.5** 高次回折光干渉方式に基づく高精度マイクロエンコーダ。(a) 模式図、LD：半導体レーザ、PD：フォトダイオード、(b) 顕微鏡写真

レーザの両端面から出射するビームを使っています。通常の実験では、半導体レーザの両端面から光が出ると不便なためこのような使い方はされませんので、マイクロシステム特有の使い方といえます。

小型のマイクロセンサは、軽量のため慣性が小さく振動の影響を受けにくいという特徴がありす。このため高速で微小なアクチュエータに内蔵できます。図5・6は、このセンサと可動回折格子ステージを用いたマイクロ加速度センサです。このように、可動構造物とセンサを組み合わせる

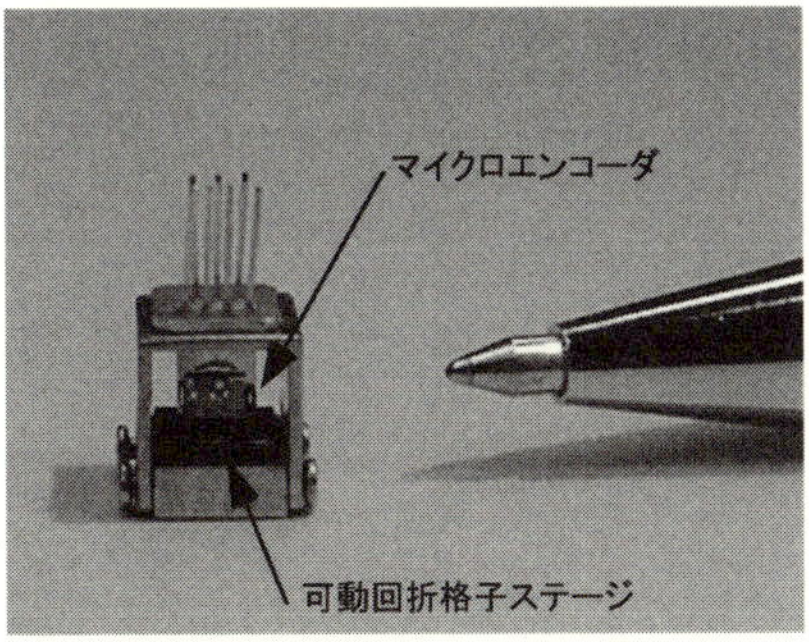


（a）

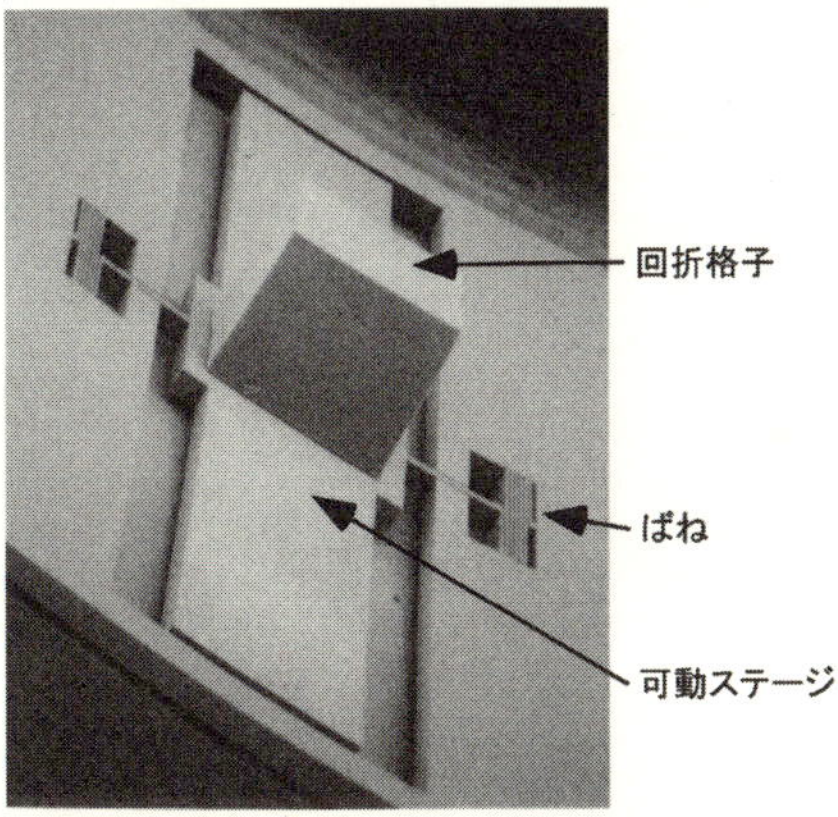


（b）

**図 5.6**　可動回折格子ステージとマイクロ変位センサを組み合わせた光学式マイクロ加速度センサ。(a) 加速度センサの写真、(b) 可動回折格子ステージの走査電子顕微鏡写真

ことにより、種々のマイクロ物理センサを実現することが可能になります。

## 第四節　ミクロな世界はどのように違うのか？

### スケール効果

さて機械が微小化していくと従来のマクロの世界にはなかったおもしろい効果が発生します。マイクロマシンではこれが大きな問題になることもあります。小さくなれば体積に対し表面積が増大するので、ミクロの世界では表面の効果が顕著に現れます。慣性と摩擦の相対的な重要さが異なり、摩擦が支配的になってくるのです。これは「スケール効果」といって、サイズが異なると支配的な物理力が変わるためです。このためマイクロマシンでは、可動部分をばねのようなもので基板から離して吊っておき摩擦を軽減するようにしています。この摩擦のひとつの解決法として、遠隔から操作する光駆動をあとで紹介します。また、微小部品が接触していると貼りついてしまったり、液体が蒸発するときに表面張力により物体同士が引きつけられてしまう「スティッキング」といわれる現象が起こります。この言葉はスティキー（粘着性の）とフリクション（摩擦）からできた造語です。

大気中では物体の表面が数ナノメートルの水の膜で覆われています。ミクロの世界では水は接着剤のように働き、微小部品を付着させてマイクロマシンを動かなくしてしまいます。このため、前に説明したデジタルマイクロミラーデバイス（ＤＭＤ）の例では、デバイスを気密封止パッケージして水が入らないようにしています。また、熱交換（加熱や冷却）や化学反応もミクロの世界では速くなります。これらはすべて物体の表面積に比例して速さが決まるために生ずる現象です。

将来、小型化、集積化の技術をさらに高めるには、従来と同じ構成ではなく、集積化しやすい新しい構成や原理を考案する必要があります。マイクロマシンの研究が始められたごく一時期には、既存のものをそのまま小さくするという発想があり、そうした夢が研究のモチベーションとなりました。しかし、ミクロな世界の特殊性を活かした新しい構造を考案し、集積化することが大切だと考えます。このようなことが可能になってこそマイクロ化の価値がいっそう高まると思うからです。

ところで、筆者と光マイクロマシンとの関わりは、大学時代にさかのぼります。レーザとその応用研究を専門としていた恩師である稲場文男先生（東北大学名誉教授）の研究室でレーザ光により生体細胞をマイクロ加工する研究課題をいただき、光の勉強を始めました。細胞の大きさは大体数マイクロメートルから数百マイクロメートルのオーダで、どうしても小さいものをやわらかく扱う手法が必要です。その操作手法のひとつが光ピンセットです。あとで説明しますが、光ピンセットとはレンズで集光したレーザ光線によって、非接触で水中の微小物体を捕まえる技術です。そのころから光とミクロの世界に興味をもちました。また、マイクロマシンを専門としていた江刺正喜博士（東北大学教授）の研究室で、細胞やＤＮＡ分子の長さと同程度の数マイクロメートル寸法の構造を有するマイクロマシンを見学させていただき、強く印象づけられました。

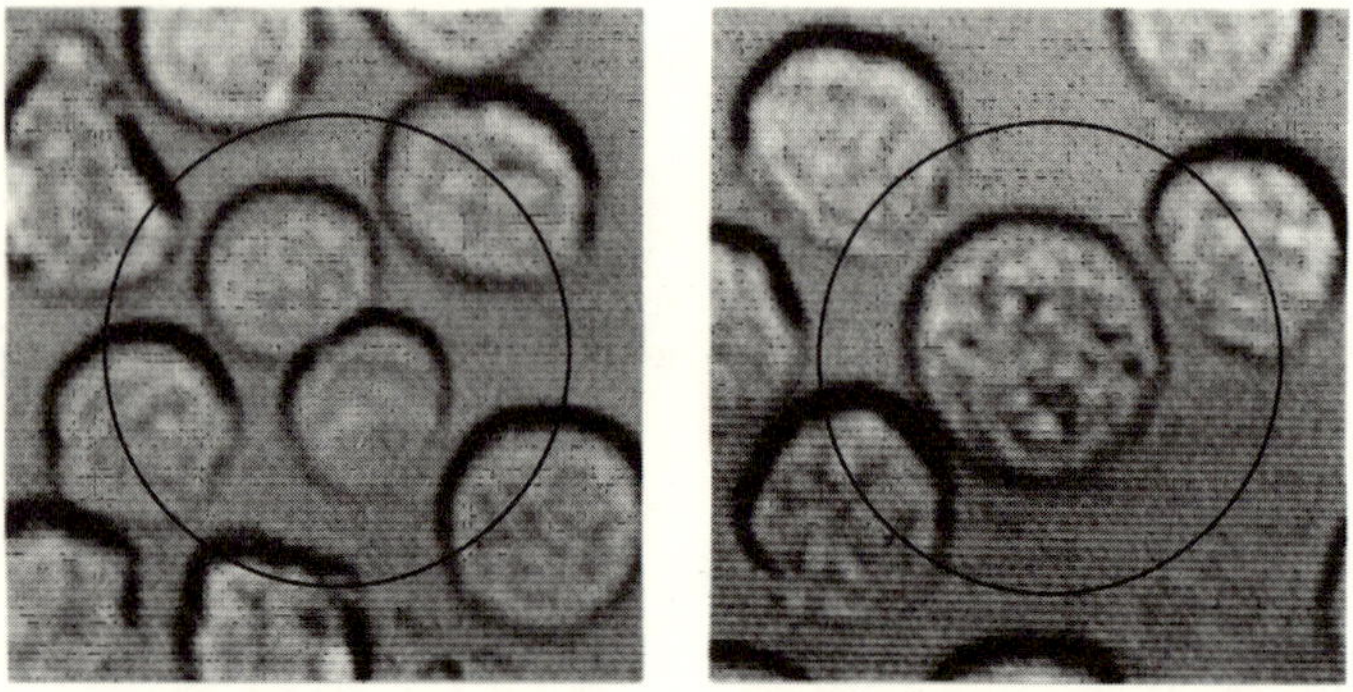

(a)　　　(b)

**図 5.7**　光トラップした細胞の融合。(a) レーザ照射前、(b) レーザ照射後

## 光を力として利用する

さて、マシンがせっかく小さくなっても、電線を通してエネルギーを供給しなければならないという問題もあります。そのため、ミクロな世界では光の力作用も注目されています。光によりワイヤレス（電線なし）で動作します。ここでは特に、光の運動量変化で生じる光の放射圧（光圧）について述べます。この光圧作用は、一九八六年にベル研究所のアシュキンらによって見出され、光ピンセット技術として微小物体操作や、組み立て、アライメント（配向）に用いられています。

通常、光線は物体を押しますが、斜め入射し屈折していく光線は物体を引き寄せます。この引き寄せる力を利用した光ピンセット技術は、多くの科学技術分野で非接触の操作手段として利用されています。特に、生物学の分野においては、バクテリア、ウイルス、細胞、染色体、精子、ＤＮＡ（デオキシリボ核酸）などのマニピュレーション法として盛んに利用され、細胞融合（図5・7）、細胞内小器官の輸送、バクテリアのべん毛や筋肉内分子が発生する力の測定などに成果をあげています。光だから細胞膜を通して細胞内の粒子を摘んだりすることができるのです。さらに、光圧回転を利用した光モータも研究されています。光圧回転体には遠隔から非接触でエネルギーが供給されるので配線が不要になります。ここで使われている光は、通常の伝搬光ですが、近接場光を用いたマニピュレーションなども提案されています。さらには伊藤治彦博士（東京工業大学助教授）らは近接場光による原子の操作、堆積法を試みています。

図5・8に、光の圧力で回転するマイクロマシニングで作製した光圧回転体の例を示します。この物体は、ポリイミド製で寸法約一五マイクロメートル程度の非対称な十字形に加工したものです。これを水溶液に入れてレンズで絞ったレーザ光を上からあてます。レーザ光は微小物体の上面から入り、側面から出ていきます。レーザ光が物体に入るとき、光は屈折により進行方向が変化します。光は運動量をもっているので進行方向の変化は、光の運動量の一部が物体に与えられること、物体に力が働くことを意味します。これが光の放射圧（光圧）です。光の入射する物体上面には重力に逆らう光圧が働きます。この力は物体をレーザの焦点に引きつけます。さらに、レーザ光は側面で屈折して出射していきます。このときに働く光圧がトルクに変換されます。実験に使う物体は肉眼では見えないうえ、静電力、ファンデルワールス力、表面張力などの付着力、熱による対流などの周囲の環境に左右されやすいデリケートなものです。作製した人工のマイクロ構造物が実際に光で

三次元的に捕まり、予想どおりに回転している様子を見たときの感動をいまでも思い出します。表面に働く水の粘性抵抗が支配的な世界なので、慣性で回転を続けることはなく、レーザを止めた瞬間に回転は止まります。このような光ピンセット技術はマイクロ理工学の解明に有効な手段になります。

もともとこの光圧回転現象は、光トラッピングの実験中に試料に偶然入ってしまった微小なガラス破片がレーザ光の焦点に引き寄せられ、回転を始める現象を発見したことがきっかけでした。そ

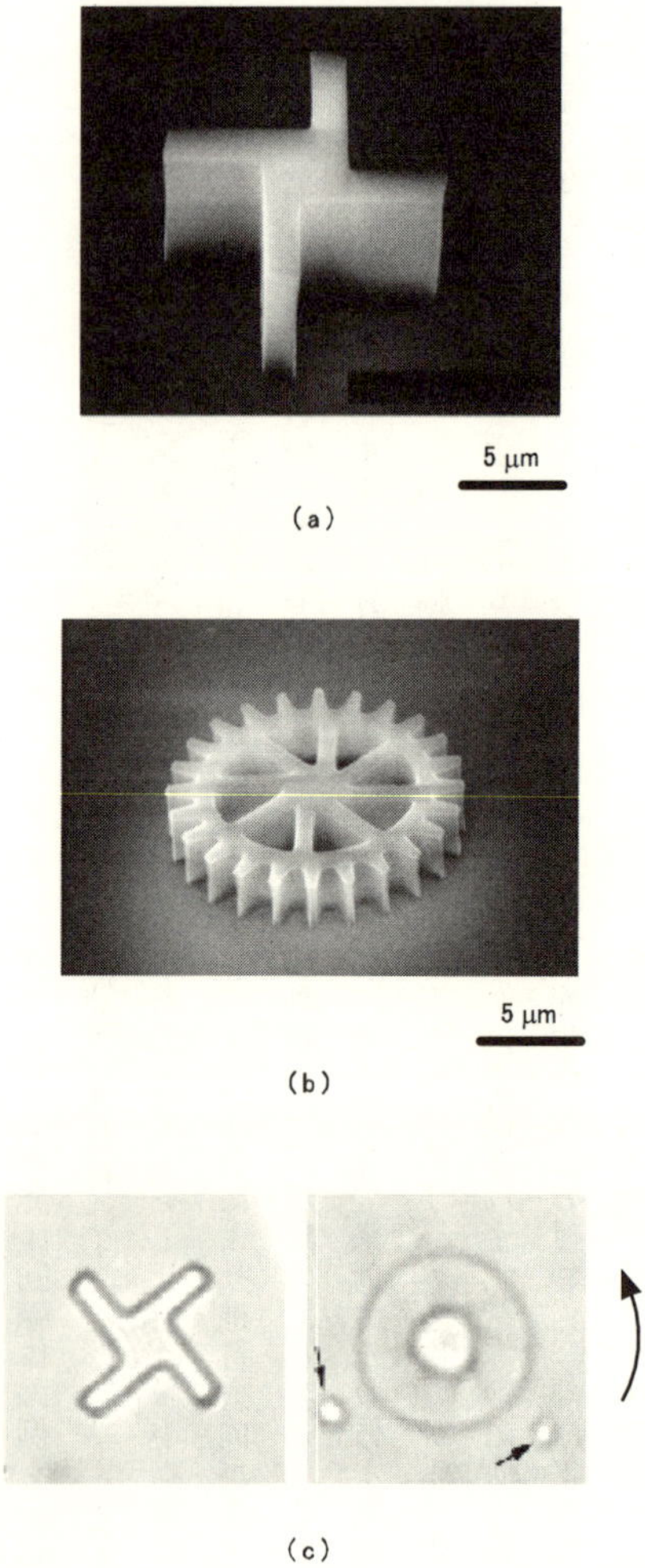


**図 5.8**　マイクロマシニングで作製された光圧回転体。(a)、(b) 光圧回転体の走査電子顕微鏡写真、(c) 光トラップした回転体の回転の様子

して高速回転が形状によることを明らかにしました。このように、研究には偶然がきっかけで大きく飛躍することがあります。不連続点があるのです。そしてこれが研究者をわくわくした気持ちにさせてくれます。さらに、光学異方性を有する微小物体は光の電場の振動方向にアライメント（配向）することがわかりました。この結果は、一九九七年のＩＥＥＥ（米国電気電子学会）の国際会議で発表しましたが、翌年科学専門誌「ネイチャー（Nature）」に外国のグループの報告が掲載されてしまいました。関連論文の引用も不十分です。どこの国でも同じですが自国の研究に偏ってしまっているものをよく見かけます。原因のひとつは言語にあるように思います。開発した技術がいかに意味のあることであるかを十分に示す必要がありますが、それ以上に何がこれまでにない新しいことであるかを示すことが重要だと思います。

ところで、夏目漱石の小説「三四郎」の中には、光の圧力測定が描かれています。「三四郎はおおいに驚いた。驚くとともに光線にどんな圧力があって、その圧力がどんな役に立つんだか、まったく要領を得るに苦しんだ」。これは、三四郎が熊本の高等学校から東京帝国大学に入学するために上京し、理科の野々宮宗八さんを訪ねたときのことばです（東京大学には三四郎池と呼ばれる池があります）。野々宮さんは年中「穴蔵のような実験室」に閉じこもり、「光線の圧力の研究」の実験に没頭していたのです。話のねたを提供したのは漱石の教え子であった物理学者の寺田寅彦博士で、この野々宮さんのモデルになった人といわれています。漱石の生きた時代は、Ｘ線が発見され、プランクが量子仮説を提唱し、アインシュタインが特殊相対性理論、光量子仮説を発表するなど、古典物理学から現代物理学へと移行する物理学の激動期にあたります。

光学の歴史においても、光の本質は波か粒子かという二者択一の議論から、粒子性と波動性の両面が内在しているという二重性として確立され、やがて量子力学が誕生していきます。光の放射圧の測定実験は、この現代物理学の発展と密接に関わる興味深い研究でした。古典物理学では、粒子と波は明確に峻別された完全に異なる概念で、放射圧は運動量を有する光子が物体に衝突することにより生じると解釈すると理解しやすいように、光の波動説に対し、粒子説が支配的であった十八世紀にはそれを検出する多くの試みがなされています。しかし、その大きさが極めて微弱だったため測定不可能でした。一方、測定にかからないほど微弱な光の放射圧は、十九世紀のヤングやフレネルなどによる波動説の台頭にはむしろ幸いしたといわれています。この光の放射圧を、実験で初めて測定したのが、レベデフ（一九〇一年）やニコルス、ハル（一九〇一年）です。排気した容器内に光を受ける円盤を取りつけたねじり秤を設置し、光の圧力によって秤を回転させ、放射圧を測定したのです。この実験の様子が、「三四郎」の中で野々宮さんの「光線の圧力の測定」実験として描写されたものです。

現在、光の放射圧は夏目漱石の時代には想像もできなかった新しい科学ツールとして幅広く利用されています。漱石がいまの時代に生きているとしたら、野々宮さんはレーザを使った実験で三四郎を驚かせ、もっと違った発言をさせているかもしれませんね。

## ブラウン運動

マイクロメートルオーダの微粒子を水中で観察していると、微粒子は周囲の水分子の熱運動による衝突を受けてブラウン運動というランダムな運動をしています。さらに、光ピンセットで微粒子を捕まえたときも実はよく観察するとその微粒子は完全に静止しているわけではなく、光ピンセットのポテンシャルの中でブラウン運動を続けています。このブラウン運動はさまざまな計測や制御に精度限界を与えます。たとえば、微小な片もち梁（カンチレバー）などの機械構造によるばねを利用したセンサ（原子間力顕微鏡など）がマイクロマシニングで作製されています。このばねを微小化すると、ばね定数（ばねの硬さの程度、たとえば、ばね定数が一ピコニュートン／ナノメートルであれば、一ピコニュートンの力で一ナノメートル変位します）を小さくできる、共振周波数が高くなるので低周波ノイズの伝達を低減できるという特徴があります。このときばね定数を小さくさえすれば感度はいくらでも高くなりそうですが、実際には周囲の空気の分子がブラウン運動によりカンチレバーに衝突するのでカンチレバーが不規則に揺れ、弱い信号による振れが見えなくなることで感度の限界となります。マイクロマシンではあらゆるところにメカニカルなばね構造が見られますが、熱ゆらぎにより測定や制御精度の限界が生じるのです。この熱ゆらぎを止めるには、ひとつは光圧を利用したフィードバックシステムが考えられるでしょう。

## 第五節　今後の展望と将来の夢

熱雑音がさまざまな制限を与えていると述べましたが、逆に熱雑音をうまく利用することはできないのでしょうか？　もし乱雑な熱運動を正味の運動に変換できれば、いままで役に立たないとされていた雑音から仕事が取り出せることになります。ここで光の放射圧を利用した熱運動の爪車と呼ばれるおもしろい実験が行われています。詳しい説明はしませんが、空間的非対称性と時間変調（周波数に、ある特徴的な成分が含まれるゆらぎ）によって乱雑な熱雑音から方向性のある運動を抽出できることが示されています。また、そのお手本は生体の中にもあります。筋肉の力の源であるアクチン-ミオシン系ではATP（アデノシン三リン酸）がもつ化学的エネルギーを直接、力学的エネルギーに変換しています。ATP一分子の加水分解で得られる自由エネルギーは熱ゆらぎに対してほぼ同じオーダかせいぜいその一〇倍程度の大きさです。このことは、分子機械は熱ゆらぎの中で熱ゆらぎと同程度の大きさの入力の自由エネルギーを有効に運動エネルギーへと変換していることを意味しています。

ではこのような熱ゆらぎの中でアクチン-ミオシン系はどのようにしてATPから力を取り出しているのでしょうか？　最近では光トラップを利用してアクチンフィラメントとミオシン単一分子との間に働く力および移動距離が直接求められています。アクチンフィラメントは一回のATPサイクルで一一ナノメートルの歩幅で移動し、その際アクチンフィラメントの方向に沿った三〜四ピコニュートンの大きさの力を発生するといいます。しかし、アクチン-ミオシン系がどのようにして熱ゆらぎのノイズに埋もれることなく、ATPの化学エネルギーをマクロな力に変換しているのかは不明のまま残されています。

最近では、ナノメートル寸法のナノマシン、ネムス（NEMS：Nano Electro Mechanical Systems）に関する研究開発も活発に行われています。ナノ構造の世界では熱ゆらぎが支配的な世界となりこれが計測の本質的な制約を与えることになりますが、一方ではこれを積極的に利用する方向があるでしょう。近い将来には、生体分子の機能を取り入れた機械や生体分子そのものを合成した機械の開発が行われると思います。そのようなマイクロマシンは生体に馴染みやすく、安全です。たとえば、二〇〇三年一月に京都で行われたマイクロマシンに関する第十六回の国際会議（MEMS2003）で、藤田博之博士（東京大学教授）らのグループは、マイクロマシニング技術で作製した微小構造物を、ATPのエネルギーで駆動する研究を報告しています。まだまだ大きな飛躍が必要ですが、やがて人工分子モータが作られる日がくるかもしれません。

今後ますます、小さい物質を加工し、作製する技術が重要になります。近接場光もそのひとつの手段です。シリコン半導体デバイスの構造はすでにナノメートルの寸法をもっていますが、まだまだ限られています。将来は、ナノフォトニクスも加わり、光ナノマシンともいえる技術分野が形成されるかもしれません。ワンチップ上で行う原子操作、フォトニック結晶とアクチュエータの融合なども進展していくでしょう。今後、ナノフォトニクスやナノマシニングが両輪となり、微小光回路や機械、電子を集積した超小型の新しい光デバイス―ナノフォトニクスデバイス―が生まれると期待しています。超小型でエネルギーを消費しない、環境に優しい技術となっていくでしょう。まだまだ時間も必要でしょうが、私も、その基礎になる仕事の一部にでも参加できればと願っています。そこでは、光技術が多様な役割を果たし、観察、計測、情報伝達、記録、加工、駆動、操作まで利用されるでしょう。ますます、異分野の融合、学際的研究が必要な時代になっていきます。

技術大国日本といわれてきましたが、近年、技術の遅れを指摘する声もよく聞かれるようになりました。韓国、台湾、中国は国家的戦略による支援で急成長しており、公的機関の設備を試作などに共有することでハイテクベンチャーを生んでいます。今後、高付加価値分野への一層のシフトが求められる中で、ナノフォトニクスの研究開発が二十一世紀を乗り越えられる日本の先端技術として発展していくことを願っています。

## 参考文献


(1)　より詳しく知りたい方のために

主な論文誌としてはJournal of Microelectromechanical Systems (IEEE/ASME), Sensors and Actuators (Elsevier), Journal of Micromechanics and Microengineering (IOP Publishing), 電気学会論文誌E（電気

学会）など、国際会議としてはIEEE International Conference on Micro Electro Mechanical Systems (MEMS)（一九八七年より毎年開催）やInternational Conference on Solid-State Sensors, Actuators and Microsystems (Transducers)（一九八一年より隔年開催）などでこの分野の仕事の全体をカバーすることができます。最近ではOptical MEMS, BioMEMS, μTAS, HARMSTなど、より細分化された国際会議があります。また、マイクロマシンのウェブサイトとしてMEMS Clearinghouse (http://www.memsnet.org/) のホームページからさまざまな資料や活動にたどり着くことができます。

(2) 五十嵐伊勢美、江刺正喜、藤田博之編集、マイクロオプトメカトロニクスハンドブック、朝倉書店（一九九七）

(3) 澤田廉士、羽根一博、日暮栄治、光マイクロマシン、オーム社（二〇〇二）

(4) 浮田宏生、マイクロメカニカルフォトニクス、森北出版（二〇〇二）

(5) http://www.dlp.com/

(6) K. E. Peterson, Silicon as a mechanical material, Proc. IEEE, **70**, 420-457 (1982)

マイクロ加速度センサ　*171*
マイクロマシン　*156*
マイクロマシン光スイッチ　*165*
マスク　*95,106*
マンプス　*157*

密着露光技術　*95*

メゾスコピック領域　*148*
メムス　*156*

## ヤ 行

ユビキタス社会　*124*

## ラ 行

量子井戸　*63*
量子効果　*61,73*
量子サイズ効果　*63*
量子細線　*63*
量子ドット　*63*
量子箱　*63*
量子力学　*61*
量子論　*4*

励起　*70*
励起子　*67*
レーザ　*6*

透明導電膜 82
閉じ込め効果 63
トンネル効果 63
トンネル電子 77
トンネル電子ルミネッセンス 74

## ナ 行

ナノインプリント 97
ナノ構造 63
ナノテクノロジー 27,64
ナノ・パターンド・メディア 148
ナノフォトニクス 8,15,19,40
ナノフォトニックデバイス 49

2層レジスト 102

熱雑音 180
熱ゆらぎ 179
ネムス 181

## ハ 行

波長 2
パワー 20
半導体ナノ構造 64
バンドギャップ 66
半値幅 68

光化学気相堆積法 53
光記録再生システム 46
光磁気材料 129
光集積回路 13
光スイッチ 163
光スイッチング 49
光の散乱 17
光のスペクトル 67
光ピンセット 173
光リソグラフィ 94
非共鳴エネルギー移動 45
微小電気機械システム 156
表面記録型記録媒体 133

ファイバ 30
ファイバプローブ 22
フォトルミネッセンス 72
フォトン 4
ブラウン運動 179
プラズモン 110
プランクの定数 4
プローブ 74
プローブ・スライダ 144
プロキシミティ技術 95
分解能 24
分子線エピタキシー 65

偏光依存性 110

ホログラフィックメモリ 150

## マ 行

マイクロエンコーダ 169

下層レジスト　*103*
価電子　*66*

近接場光　*15,77*
近接場光アシスト磁気記録　*149*
近接場光学　*35*
近接場光学顕微鏡　*23*
近接場光プローブ　*134,138*
近接場光メモリ　*129*
近接場光リソグラフィ　*98*
近接場露光装置　*104*
金属電極　*114*

クラッド　*30,82*

コア　*30,81*
光圧回転体　*175*
光子　*4*
高密度記録　*118*
高密度光メモリ　*46*


## サ　行


三次元光メモリ　*150*
散乱光　*17*

紫外光　*2*
磁気緩和現象　*147*
周期　*2*
集光モード　*26*
周波数　*2,60*
上層レジスト　*103*
照明モード　*26*

スケール効果　*172*
スティッキング　*167,172*
ステッパ技術　*95*
スポットサイズ　*127*

正孔　*67*
赤外光　*2*
遷移領域　*147*

走査型トンネル顕微鏡　*73*
相変化材料　*129*
相変化マーク　*134*


## タ　行


探針　*74*
探針集光　*78*
探針集光型 TL 顕微鏡　*86*

デジタルマイクロミラーデバイス　*161*
テラバイト光メモリ　*124*
電気双極子　*16*
電気力線　*16*
電子　*60*
伝導電子　*66*
電波　*60*
伝搬光　*17*

導電集光探針　*77,84*

# 事項索引


CL　*72*

Digital Divide　*124*
DMD　*161*

FDTD法　*110*

MBE　*65,76*
MEMS　*140,156*
MUMPS　*157*

NEMS　*181*
NOM　*37*
NSOM　*36*

PAPA　*142*
PL　*72*
PSPA　*143*
PSTM　*36*

QHD　*123*

SNOM　*36*
STM　*73*
Super-RENS　*150*

TB光メモリ　*124*
TL　*74*

VAD法　*30*

## ア　行

アモルファスマーク　*133*

イルミネーション・コレクションモード　*130*

ウエハ　*95*

エキシトン　*67*

## カ　行

回折　*9*
回折限界　*10,72,96,127*
回折現象　*113*
回折格子　*113*
化学気相堆積法　*52*
可視光　*2,60*
カソードルミネッセンス　*72*

大津元一　1973 年東京工業大学工学部電子工学科卒業、1978 年同大学院理工学研究科電子物理工学専攻博士後期課程修了。現在、東京工業大学教授。工学博士（1978 年）

村下　達　1979 年東北大学大学院電子工学専攻博士前期課程修了。現在、NTT フォトニクス研究所主任研究員。工学博士（2001 年）

納谷昌之　1985 年北海道大学大学院工学研究科修士課程修了(応用物理)。現在、富士写真フイルム株式会社宮台技術開発センター主任研究員。

高橋淳一　1981 年早稲田大学理工学部電気工学科卒業。現在、株式会社リコー研究開発本部中央研究所課長研究員。

日暮栄治　1991 年東北大学大学院工学研究科電子工学専攻博士前期課程修了。現在、NTT マイクロシステムインテグレーション研究所主任研究員。工学博士（1999 年）

## ナノフォトニクスへの挑戦

2003 年 9 月 19 日　初　版

監修者……………大　津　元　一
発行者……………米　田　忠　史
発行所……………米　田　出　版
〒272-0103　千葉県市川市本行徳 31-5
電話　047-356-8594
発売所……………産業図書株式会社
〒102-0072　東京都千代田区飯田橋 2-11-3
電話　03-3261-7821



中央印刷・清水製本プラス紙工

ISBN4-946553-17-7　C0055